广西旅游气象服务
发展对策研究

苏　志　　陈剑飞　主编

气象出版社
China Meteorological Press

内 容 简 介

旅游与气象息息相关。得天独厚的气候资源和气象万千的天气景观是旅游资源的重要组成部分,层出不穷的极端天气是影响旅游安全的主要因素。良好的旅游气象服务是旅游业健康发展的有力保障。本书调查了国内旅游、气象两部门联合开展旅游气象服务的进展,分析了广西旅游气象服务的现状和存在问题,针对广西旅游业对气象服务的需求提出了一些思考和建议。

本书可供旅游、气象领域的科技人员、管理人员和高校师生参考。

图书在版编目(CIP)数据

广西旅游气象服务发展对策研究 / 苏志,陈剑飞主编. — 北京:气象出版社,2019.6
 ISBN 978-7-5029-6974-5

Ⅰ.①广… Ⅱ.①苏… ②陈… Ⅲ.①地方旅游业-气象服务-研究-广西 Ⅳ.①P451

中国版本图书馆 CIP 数据核字(2019)第 108655 号

广西旅游气象服务发展对策研究
苏 志 陈剑飞 主编

出版发行:气象出版社
地 址:北京市海淀区中关村南大街 46 号 邮政编码:100081
电 话:010-68407112(总编室) 010-68408042(发行部)
网 址:http://www.qxcbs.com **E-mail**:qxcbs@cma.gov.cn
责任编辑:陈 红   终 审:吴晓鹏
责任校对:王丽梅   责任技编:赵相宁
封面设计:博雅思企划
印 刷:北京中石油彩色印刷有限责任公司
开 本:889 mm×1194 mm 1/32 印 张:2.75
字 数:74 千字   彩 插:1
版 次:2019 年 6 月第 1 版   印 次:2019 年 6 月第 1 次印刷
定 价:20.00 元

编委会

主　编：苏　志　陈剑飞

副主编：黎琮炜　罗红磊

编　委：何　如　周绍毅　郭　媛

　　　　黄梅丽　宋　彬　粟华林

　　　　孔毅民　郑凤琴

前　言

目前，全球旅游业蓬勃发展，根据世界经济论坛发布的《2017年旅游业竞争力报告》[1]，全球旅游业收入已占到全球生产总值的10％，每10份工作中就有1份来自于旅游业，行业发展速度远高于全球经济发展的平均水平。该报告指出，全球旅游产业最大的6个国家也是世界六大经济体，包括美国、中国、德国、日本、英国和法国。从地区来看，欧洲各国旅游业竞争力优势仍十分明显，但是规模仅次于欧洲的亚洲旅游市场，因其增长迅速表现得更为抢眼，目前已成为全球最具活力、最为友好的旅行目的地。报告认为，亚洲成为全球入境人数增长最快的地区，旅游业的"亚洲世纪"已经到来。根据报告显示，在2016年，到访中国的国际游客有近5700万人次，占亚洲地区总人次的20％以上。在全球旅游业竞争力排行榜上，中国排名第15位。中国的文化资源（第1位）和自然景观（第5位）排名全球领先[1]。

近年来，为了大力推动旅游业发展，适应人民群众消费升级和产业结构的调整，国务院在2014—2016年，就先后印发了《国务院关于促进旅游改革发展的若干意见》（国发〔2014〕31号）、《国务院办公厅关于进一步促进旅游投资和消费的若干意见》（国办发〔2015〕62号）以及《国务院办公厅关于加强旅游市场综合监管的通知》（国办发〔2016〕5号）等有关文件。2016年3月，经国务院同意，我国首次将"十三五"旅游业发展规划正式纳入国家重点专项规划[2]，这充分体现了党中央、国务院对旅游业发展的高度重视，表明旅游业已成为国家战略的重要组成部分，对社会经济的促进作用日益显著。根据 2017 年 11 月 8 日国家旅游局(现为中华人民共和国文化和旅游部)发布的《2016 年中国旅游业统计公报》[3]显示,2016 年全国实现旅游业总收入 4.69 万亿元,同比增长 13.6%。全年全国旅游业对 GDP 的综合贡献为 8.19 万亿元,占 GDP 总量的 11.01%;旅游直接和间接就业 7962 万人,占全国就业总人口的 10.26%,旅游业已经成为名副其实的国民经济战略性支柱产业。

在国内外旅游消费需求爆发式增长的背景下,广西旅游业在"十三五"期间,迎来了开门红。2016 年,广西接待游客总人数 4.09 亿人次,同比增长 19.9%;旅游总消费 4191.36 亿元,同比增长 28.8%;全区旅游业综合增加值为 2522.8 亿元,对 GDP 的综合贡献率为 13.8%,旅游就业人数达 327.3 万人,比上年增加 65.9 万人[4]。2017 年,广西接待游客总人数 5.23 亿人次,同比增长 27.9%;旅游总消费 5580.36 亿元,同比增长 33.1%。全区接待游客人数和旅游总消费首次突破双"5"[5]。旅游业在拉动广西经济增长,增加财税收入,促进社会消费,增加就业机会,以及带动贫困地区人口脱贫致富等方面发挥着越来越重要的作用。

旺盛的旅游消费需求带动旅游业高速发展的同时,也对进一步做好旅游气象服务工作提出了更高的要求。气象部门对旅游气象工作高度重视,并给予了大力支持,近 10 年,中国气象局及多个省(市)气象局先后与旅游部门签署了合作框架协议[6],联合开展多项旅游气象服务工作,并取得了有效进展。旅游气象服务为旅游业的大力发展做出了重要贡献。

和国内旅游大省相比,广西有着同样优秀的旅游资源,然而广西的旅游气象服务却还处于起步阶段,尤其是在旅游和气象常态化联动合作、旅游气象服务综合观测网的建立、精细化旅游气象服务产品的开发、旅游气象信息的发布等方面还不能满足公众旅游的多样化、精细化的需求,与广西建设旅游强省的目标更是存在较大差距。为此,2017 年 1 月,广西壮族自治区气象局批准软科学项目"大旅游时代背景下广西旅游气象服务发展研究"(项目编号:

〔2017〕第 M03 号）立项。经过项目组的努力,2018 年完成了整个项目内容的研究,在此基础上,完成了本书的撰写。

全书共分 7 章,第 1 章主要介绍国内旅游、气象两部门联合开展旅游气象服务工作的进展及取得的成就;第 2 章重点介绍广西自然环境特点、旅游业发展概况以及旅游气象服务现状;第 3 章分析广西旅游业在构建旅游安全保障体系、旅游特色挖掘与打造、搭建旅游大数据平台和开展乡村旅游等方面对气象服务的需求;第 4 章通过调查和对比分析,总结了广西旅游气象服务在发展中存在的问题;第 5 章结合广西旅游"三年行动计划",开展了广西旅游业的 SWOT 态势分析,理清了广西旅游的优势、劣势、机遇、挑战;第 6 章针对如何提升广西旅游气象服务能力和水平,提出了相应的对策和建议;第 7 章是对广西旅游气象服务发展对策研究的总结和讨论。

本书旨在通过分析广西旅游气象服务发展现状和存在的问题,探讨广西旅游气象服务发展的对策。期待本书的研究成果对促进广西旅游和气象两部门的常态化合作、保障游客安全、挖掘气象景观、创建天然氧吧、打造避暑避寒旅游胜地等方面发挥应有的作用。

由于编者水平有限,书中错漏之处在所难免,恳切广大读者和同行不吝指正。

编者

2019 年 3 月

目 录

第 1 章
国内旅游、气象两部门合作进展

+·+

　　随着旅游业的快速发展,旅游气象服务不仅成为旅游者必需的公共服务信息,也成为了旅游经营者和各级旅游部门防范气象灾害的重要依据。旅游气候资源、旅游安全服务等已成为气象和旅游相关部门合作的重点。自 2010 年第十届世界旅游旅行大会全球峰会在北京召开后,旅游和气象两个部门的高层领导都非常重视旅游气象服务工作,并相互加强联系和沟通,促进双方合作交流和常态化的沟通合作机制的建立,推动旅游气象服务工作的发展。在旅游和气象部门高层领导的推动下,中国气象局和各省(区、市)气象部门与各地旅游部门合作开展了卓有成效的工作。

1.1　合作框架协议签署情况

　　2010 年 7 月,国家旅游局与中国气象局联合签署《关于联合提升旅游气象服务能力的合作框架协议》[6](简称《框架协议》),双方就加强旅游、气象部门合作,共同提升旅游气象服务能力提出了明确的意见。这进一步促进了旅游气象服务业务的发展,为公众、旅游景区和服务机构提供精细化、个性化、专业化的旅游服务奠定了基础。为深入贯彻落实《框架协议》精神,2012 年 4 月 17 日,中国旅游研究院与中国气象局公共气象服务中心在北京签署合作框架协议,2013 年 5 月 28 日,中国旅游报社与中国气象局公共气象服务中心在京签订合作框架协议,湖北、陕西、河北、湖南、海南、安

广西旅游气象服务发展对策研究

徽、四川、吉林、广东、贵州和北京、上海等省(市)旅游局以及长沙、大连等市旅游局与当地省(市)气象局也签订了旅游气象服务合作框架协议(表1.1)。

国家旅游局与中国气象局联合签署的合作框架协议主要有六个方面内容,包括:(1)联合加强旅游气象观测系统建设;(2)联合做好节假日旅游气象预报服务;(3)联合加强旅游景区气象灾害防御;(4)联合加强和规范旅游气象信息的发布;(5)加强双方技术合作,提高旅游气象预报服务质量;(6)联合建立旅游气象服务示范区。国内多个省市旅游与气象部门,也以此为参考签署了合作框架协议,除了以上六大内容,部分省市的旅游气象合作协议中,还包括共同打造旅游气象服务品牌、联合制定旅游气象服务标准、开展旅游气象合作督查、进行旅游气象课题研究、研发旅游气象产品、开展重大旅游项目气象保障、进行个性化旅游服务试点等多个具有地方特色的合作内容。

表1.1 旅游、气象部门合作情况简表

序号	合作单位	时间	合作项目	合作内容
1	国家旅游局 中国气象局	2010年7月	签署《关于联合提升旅游气象服务能力的合作框架协议》	双方将联合加强旅游气象观测系统建设,联合做好节假日旅游气象预报服务,联合加强旅游景区气象灾害防御,联合加强和规范旅游气象信息的发布,加强双方技术合作,提高旅游气象预报服务质量,联合建立旅游气象服务示范区
		2012年2月	联合召开了旅游气象协调领导小组2012年工作会议	两局联合下发了会议纪要,确定在推进黄山、海南旅游气象服务示范区建设的同时,新增湖南张家界等4个旅游气象示范区的建设

续表

序号	合作单位	时间	合作项目	合作内容
1	国家旅游局 中国气象局	2012年4月	联合打造中国旅游天气网	由国家旅游局与中国气象局共同开发的中国旅游天气网于2012年4月28日正式上线,填补了国内专业旅游气象服务网站的空白。中国旅游天气网以点(景区)、线(交通)、面(省份、区域、类型)的服务方式,将旅游、气象及交通等信息进行充分融合,为公众规避旅游气象灾害、安全健康出游、提高旅游出行满意度提供有力支持和保障。 网站共开设8个频道,其中景点天气频道将网罗国内119个5A级景区,并重点建设了安徽黄山、湖北神农架和海南国际旅游岛三个旅游气象服务示范区子频道,研发了精细化气象预报、旅游指数预报、负氧离子数据等特色服务产品
2	中国旅游研究院 中国气象局公共气象服务中心	2012年4月	签署《关于联合提升旅游气象服务能力的合作框架协议》	共同研发涉旅气象服务产品,共建旅游服务平台——中国旅游天气网。围绕国家战略研究任务,联合申报国家"863""973"等国家级重大项目。并联合推广发布研究成果。通过学术期刊、学术会议、新闻发布会等形式共同联合发布旅游气象方面研究成果,培育权威旅游气象学术品牌

广西旅游气象服务发展对策研究

续表

序号	合作单位	时间	合作项目	合作内容
3	中国旅游报社 中国气象局公共气象服务中心	2013年5月	签署《关于联合提升旅游气象服务能力的合作框架协议》	双方在以下三方面开展合作:一是加强资源共享、共同做好旅游气象灾害防御工作;二是加强内容合作,联合开展旅游气象专题服务;三是加强合作共赢,共同打造旅游资源服务品牌
4	湖北省旅游局 湖北省气象局	2010年9月	签署《关于联合提升旅游气象服务能力的合作协议》	双方联合加强旅游气象观测系统建设;联合做好节假日旅游气象预报服务;联合加强旅游景区气象灾害防御工作;联合加强和规范旅游气象信息的发布;加强双方技术合作,提高旅游气象预报服务质量;双方联合建立旅游气象服务试点示范区
		2013年6月	联合下发《关于开展旅游气象观测系统及旅游景点防雷避灾示范场所建设的通知》	成立项目协调小组和建设小组。深入贯彻落实省委、省政府旅游发展战略,共同提升湖北旅游气象服务能力,推进湖北智慧旅游建设和旅游信息化发展
5	河北省旅游局 河北省气象局	2010年11月	签署《联合提升河北旅游气象服务能力合作协议》	一是联合加强旅游气象观测系统建设;二是联合做好节假日旅游气象预报服务;三是联合加强旅游景区气象灾害防御工作;四是联合加强和规范旅游气象信息的发布;五是加强双方技术合作,提高旅游气象预报服务质量

续表

序号	合作单位	时间	合作项目	合作内容
6	湖南省旅游局 湖南省气象局	2010 年 12 月	联合下发《关于做好旅游气象服务工作的通知》，并签署《关于联合提升旅游气象服务能力的合作协议》	在协议中双方确定了以张家界武陵源景区和南岳衡山旅游景区为试点，建立旅游气象服务示范区
7	河南省旅游局 河南省气象局	2012 年 2 月	签署《关于联合提升旅游气象服务能力的合作框架协议》	双方联合加强旅游气象观测系统建设；联合做好旅游气象预报服务；联合加强旅游景区气象灾害防御工作；联合加强和规范旅游气象信息的发布；联合建立旅游气象服务示范区，完善旅游专业气象监测预报预警系统
8	四川省旅游局 四川省气象局	2012 年 9 月	签署《四川省旅游局、四川省气象局联合提升旅游气象服务能力合作协议》	一是联合制定省旅游气象服务的规划标准；二是联合加强旅游气象观测系统建设；三是联合加强旅游气象预报服务系统建设；四是联合加强和规范旅游气象信息的发布；五是联合加强旅游景区气象灾害防御工作；六是加强技术合作，提高旅游气象服务质量；七是联合建立旅游气象服务示范区
9	海南省旅游发展委员会 海南省气象局	2012 年 9 月	签署《共同推进海南旅游气象服务示范区建设合作协议》	双方将从共建旅游气象观测系统，提升旅游气象服务信息发布能力，做好节假日旅游气象预报服务，加强旅游景区气象灾害防御工作，开展旅游气象技术合作等 5 个方面开展深入合作，共同推进海南旅游气象服务示范区建设

续表

序号	合作单位	时间	合作项目	合作内容
10	陕西省旅游局 陕西省气象局	2012 年 10 月	签署《关于联合提升旅游气象服务能力的合作框架协议》	双方将按照优势互补、注重实效、稳步推进、共同发展的原则开展合作,建立持续高效的联合观测、信息共享、合作研发和沟通交流机制,促进旅游气象在观测、业务能力建设和信息发布等领域的发展,通过建立旅游气象服务试点示范区不断提高旅游气象服务的能力
11	安徽省旅游局 安徽省气象局	2013 年 9 月	签署《关于联合提升旅游气象服务能力的合作框架协议》	一是联合组织推进旅游气象观测、预报预警与信息发布能力建设;二是联合加强旅游景区气象灾害防御;三是联合开展旅游气象技术合作交流;四是联合开展旅游气象工作督查
		2015 年 10 月	共同开发"爱上农家乐"电子商务平台项目、创建黄山国家气象公园	按照筹建、运营和推进三个阶段,共同有序推进"爱上农家乐"电子商务平台的建设,丰富服务游客的网络,使其在信息上更加全面,在特色上充分彰显,力争将其建设成为安徽乡村旅游领域的品牌企业、龙头企业。开展创建黄山国家气象公园试点,制订相关标准,完善工作方案,努力使创建黄山国家气象公园试点工作成为皖南国际文化旅游示范区建设的亮点工程、全国旅游气象合作的品牌工程

续表

序号	合作单位	时间	合作项目	合作内容
12	吉林省旅游局 吉林省气象局	2015 年 4 月	签署《旅游高影响天气应对防范合作协议》	双方在以下七方面加强合作:一是双方共同将高影响天气应对防范工作纳入工作日程;二是双方共同推进旅游气象服务能力建设;三是联合做好气象预报预警发布工作;四是联合建立信息共享系统;五是联合加强旅游景区气象灾害防御工作;六是联合建立旅游高影响天气防范应对示范区;七是深入开展旅游气象基础研究课题攻关
13	广东省旅游局 广东省气象局	2016 年 12 月	签署《关于联合提升旅游气象服务能力合作的框架协议》	重点在以下三方面加强合作:一是强化旅游气象预警信息发布;二是不断创新旅游气象服务产品;三是不断提高全省旅游气象服务精细化水平
14	贵州省旅游发展委员会 贵州省气象局	2017 年 4 月	签署《合作开展旅游气象服务框架协议》	双方在以下六方面开展长期合作:一是加强旅游气象观测系统建设;二是加强旅游气象服务系统建设;三是完善旅游气象信息发布机制;四是提升旅游气象预报服务质量;五是建设旅游气象服务示范景区;六是打造乡村旅游信息服务示范
15	上海市旅游局 上海市气象局	2011 年 12 月	签署《上海市旅游气象工作合作协议》	双方将在重要旅游活动和节假日的旅游气象服务、旅游气象保障中心建设、气象科普旅游开发、重大旅游项目气象保障等方面开展具体合作。逐步提升适应上海国际化大都市的旅游气象服务能力,力争成为全国旅游气象服务示范

续表

序号	合作单位	时间	合作项目	合作内容
15	上海市旅游局 上海市气象局	2016年9月	合作共建上海市旅游气象中心	根据合作计划,双方将在精细化景区旅游气象服务、打造旅游气象信息平台、重要旅游活动和节假日的旅游气象服务、旅游气象观测网建设等方面深化合作,进一步提升现代化的旅游气象业务能力和国际化的旅游气象服务能力,更好地为广大游客提供安全、舒适、便捷的旅游气象服务
		2017年9月	共同推出上海18个景点"观景指数等级预报"	1.发布未来24小时的天气、风力、温度、能见度、光照度、负氧离子浓度、客流等数据;2.所有景区游玩指数,从一星到五星不等评级;3.成立了旅游气象大数据实验室,旨在结合旅游、气象双方的数据和业务资源,在旅游气象大数据公共服务、智能旅游气象科研、大数据应用创新孵化等方向开展探索;4.启动导游"随身气象站"试点工作
16	北京市旅游发展委员会 北京市气象局	2014年6月	签署《关于提升旅游气象服务能力合作框架协议》	双方将在六方面联合开展工作,包括旅游气象观测系统建设、旅游气象预报服务、旅游气象信息发布、旅游景区气象灾害防御、旅游气象技术合作、建立旅游气象示范景区

续表

序号	合作单位	时间	合作项目	合作内容
17	长沙市旅游局 长沙市气象局	2014年3月	签署《关于联合提升旅游气象服务能力的合作框架协议》	从以下六方面重点展开合作：一是联合加快旅游气象观测系统建设；二是联合做好节假日旅游气象预报服务；三是联合加强旅游景区气象灾害防御工作；四是联合加强和规范旅游气象信息的发布；五是加强双方技术合作；六是联合建立旅游气象服务试点示范区
18	大连市旅游局 大连市气象局	2015年5月	签署《关于联合提升旅游气象服务能力的合作框架协议》	重点加强以下六方面合作：一是共同制定旅游气象监测网建设规划；二是进一步建立健全旅游气象信息共享机制；三是联合规范A级旅游景区、星级旅游宾馆天气预报传播工作；四是联合开展景区气象灾害评估；五是联合在旅游精细化预报预警服务、旅游气象条件评价等方面开展研究；六是联合建立多样化合作模式
19	桂林市旅游发展委员会 桂林市气象局	2017年5月	签署战略合作协议	双方将按照优势互补、注重实效、稳步推进、共同发展的原则开展合作，建立运转有效的联合观测、信息共享、合作研发和沟通交流机制，促进旅游气象观测、预报和服务技术的发展，不断提高旅游气象服务的能力

1.2　旅游气象观测网联合建设情况

近年来，我国气象部门大力推进以智慧气象为重要标志的气象现代化建设，不断提升天气气候监测预报预警服务能力。我国已有 9 颗"风云"气象卫星在轨运行,190 部天气雷达参与组网运行,气象观测站乡镇覆盖率达 96.5%,气象数据全部实现实时汇交、质量控制和分发。

为促进旅游气象服务工作的发展,部分省份气象部门在原有观测体系的基础上,通过与旅游部门合作,进一步针对旅游服务开展观测网络建设,使得观测数据更有针对性。目前,湖南、安徽、湖北、福建、广东等地旅游和气象部门已经联合建设旅游气象观测网,观测数据已应用于实际的旅游气象服务当中。如:

(1)2011 年湖南省张家界市气象部门针对旅游景区气象观测站点稀少的现状,围绕核心景区气象要素采集的需要,重新部署了区域观测站网布点,经与旅游部门合作调研选址,在天门山、黄石寨、金鞭溪、天子山等核心景区新建了 18 个区域自动气象站,加上景区外围站点,张家界境内区域自动气象站总量达到 136 个,景区自动气象站网基本建成,为掌握景区实时天气情况和开展精细化旅游气象服务提供了基础数据。与此同时,张家界景区气象综合观测体系和新一代天气雷达项目被市政府纳入张家界市国家旅游综合改革示范区重要项目建设范畴[7]。

(2)安徽是旅游大省,以山岳型景区居多,从 2011 年起,安徽省气象局以黄山为试点,省气象局与黄山风景区管委会合作在景区及周边地区建设了 10 个自动气象站、10 部大气电场仪、6 部闪电定位仪以及 1 部新一代多普勒天气雷达,建立了旅游综合气象监测系统、景区雷电监测预警系统、旅游气象服务业务应用系统"三大系统",为景区旅游活动、防灾减灾、防汛抗旱、资源保护、旅游可持续发展等提供"五大服务"。通过系统运行,安徽旅游气象服务凝练总结了"黄山经验"[8],赢得了游客的较高赞誉,受到了省政府和国家旅游局的充分肯定。

(3)湖北省气象局和旅游局为了共同提升旅游气象服务能力,推进智慧旅游建设和旅游信息化发展,联合开展了旅游气象观测系统及旅游景点防雷避灾示范场所建设,2013 年底完成了湖北旅游气象观测网建设[9],共服务 33 个景区,包括神农架生态旅游区、十堰武当山、宜昌三峡大坝等 6 个国家 5A 级景区和武汉东湖风景区、恩施大峡谷、咸宁三国赤壁名胜区等 27 个国家 4A 级景区,以上这 33 个景区均建成旅游气象观测系统和防雷避灾示范场所,为开发旅游气象服务产品和为游客提供各景区负氧离子浓度、天气状况和雾海景观情况、防晒指数和云海、雨凇、雾凇等观赏指数、雷电灾害预警预报等服务奠定了基础。

(4)福建省为提升景区清新指数的监测预报预警能力,持续打响"清新福建"品牌,2017 年福建省气象局和省旅游发展委员会联合开展景区"清新指数"气象观测站建设工作[10],双方选取厦门鼓浪屿、永定土楼、南靖土楼、泰宁旅游区、屏南白水洋、泉州清源山、福鼎太姥山、福州三坊七巷、龙岩古田会议会址、莆田湄洲湾和平潭海坛等景区布设"清新指数"气象观测站,观测要素包括:清新空气指标(负氧离子)、空气质量指标(PM_{10}、$PM_{2.5}$)、雾霾状况指标(雾霾能见度)、气象条件指标(紫外线、压温湿风雨)等,通过省旅发委和省气象局网站、微博、微信、景区电子显示屏、知天气 APP,实时发布景区 $PM_{2.5}$、负氧离子、温度、降水、风向、风力、气压等监测数据和预报预警。

(5)2017 年,广东省气象局与罗浮山景区联合建设了广东首个生态旅游气象观测网[11],在罗浮山景区布设了 1 个生态旅游气象观测站(主站)和 3 个负氧离子监测站,为景区小气候及气候资源时空分布采集第一手数据。生态旅游气象观测站布设综合气象和大气成分观测系统,测量风、温、压、湿、能见度等常规气象要素,对环境空气中负氧离子、大气成分、温室气体等要素进行观测。主站能有效反映区域天气要素特征、空气受污染程度和绿化状况,子站作为辅助,与主站共同构成完备的景区负氧离子与气象观测网,为全面了解景区各个状况提供参考。此外,观测网还建有罗浮山景区旅游气象服务保障系统,该系统可及时提供灾害性天气监测预警、天气预报、生态站监测实况、游乐项目风险监控等信息。该观测网建成并投入运行,不仅为景区建设提供气象保障,同时还具备科普教育、观光旅游等功能。

1.3 旅游气象服务产品联合开发情况

自 2010 年旅游、气象两部门签署了战略合作协议以来,气象部门在两个黄金周及五个小长假开辟了旅游气象服务专栏,及时提供城市天气预报、各大景区天气预报、交通干线天气预报、温馨提示、节日问候等详细气象信息,每日及时更新,做到精细、体贴、亲切,为游客营造宾至如归的旅游环境和服务氛围;气象、旅游两部门共同完成了中国旅游天气网[12]的总体建设,将旅游、气象及交通等信息进行充分融合,为公众出行和旅游计划制定提供针对性服务,为公众规避旅游气象灾害、安全健康出游、提高旅游出行满意度提供有力的支持和保障;两部门联合拓展了旅游气象服务信息发布渠道,利用中国气象频道、中国旅游天气网、电视、广播、手机短信、电子显示屏等多种手段发布旅游气象服务产品和服务信息,增加节假日期间和旅游旺季的信息发布频次,提高旅游城市、景区和交通干线的旅游信息发布能力及覆盖率;2014 年 9 月,中国气象局公共气象服务中心与同程旅游、众安保险达成战略合作[13],针对旅游人群推出一系列基于旅游场景的天气保障服务,三部门合作推出的第一个活动是特色旅游保险"一元游景点,下雨贴 10 元",同程旅游从当年第四季度起一年内,送出全国范围1000 家景点共计 1 亿张门票,而同程为这 1 亿张门票向众安投保,门票当日景点下雨,则众安保险向游客每人赔付 10 元,中国气象局公共气象服务中心则负责每个景区天气情况的精确监测和预警。

1.4 旅游气象服务效益评估开展情况

为深入评估中国气象部门为旅游行业气象服务的效益水平,把握旅游行业气象服务现状和需求,2010 年 7—12 月,中国气象局在全国 13 个省(区、市)开展了旅游行业的气象服务效益和需求调查评估工作[14],调查近 100 家旅游行业典型企业和单位,涉及旅行中介、景区运营管理、旅游安全管理、旅游推介活动组织四个旅游行业的主要生产环节和 316 名旅游行业专家。调查结果显示,2010 年全国旅游行业气象服务贡献率为 0.59%,气象服务效益值约为 74.34 亿元。《旅游行业气象服务效益评估 100》[14]介绍了此次气象服务效益评估工作的内容、方法和基本结论,深入分析评估了中国旅游行业气象服务的经济效益、敏感要素和基本需求,为气象部门深入开展旅游气象服务提供了基础数据和借鉴,对了解中国旅游气象服务现状和发展前景也具有重要的参考价值。

1.5　旅游气象服务示范区建设推动情况

根据《关于联合提升旅游气象服务能力的合作框架协议》精神,旅游气象服务示范区[15]的建设是其中主要合作内容之一。目前旅游、气象两部门已经在安徽、湖北、湖南、海南、上海建立了 5 个国家级旅游气象服务示范区,分别为:黄山风景区、神农架风景区、张家界风景区、亚龙湾度假区、上海国际旅游度假区,并在示范区建立了旅游气象服务平台或业务系统。其中,黄山风景区建立了三套旅游专业气象服务业务系统、制定了四项规范、建设了一个基地;神农架风景区建设了旅游气象基础观测示范站、景区公路交通气象监测预警服务系统、旅游气象服务系统、旅游交通气象预报服务系统和景区旅游气象服务业务流程;张家界武陵源核心景区加强了景区气象灾害监测网、灾害防御基础设施和预警指标模型建设;三亚亚龙湾度假区建设了多要素气象监测发布一体化信息系统、研发了旅游气象指数预报系统,提升了滨海城市公共气象服务能力;上海国际旅游度假区建设了国际旅游度假区气象台和园区气象监测站网。佘山国家旅游度假区已完成《佘山国家旅游度假区气象服务方案》和建设了 3 套自动气象站。

1.6 中国气象服务协会旅游气象委员会服务情况

为促进旅游业的发展,2015 年 5 月中国气象服务协会[16]旅游气象委员会在北京成立,属中国气象服务协会下设的 8 个专业委员会之一。中国气象服务协会旅游气象委员会在政府、企业、社会公众之间搭建了一个旅游气象服务产业、技术的互动与合作平台,为推动旅游气象服务产业、树立旅游气象服务品牌、挖掘旅游气象资源,扩大社会影响力等工作发挥了重要作用。自成立以来,中国气象服务协会旅游气象委员会已先后组织举办四届"中国避暑旅游产业峰会"[17]、3 次"中国天然氧吧"创建活动[18],开展了黄山国家气象公园建设试点工作,同时组织编写一系列相关标准规范,通过深挖旅游气象资源,开创性地打造了多个旅游气象品牌,并且在全国范围内形成规模化的产业服务,为今后全国各地开展旅游气象专业服务树立了良好的典范。

1.6.1 举办中国避暑旅游产业峰会

中国避暑旅游产业峰会由中国气象服务协会发起,中国旅游研究院、中国气象局公共气象服务中心联合主办,旨在促进避暑旅游经济的深度发展。2015—2018 年分别在昆明、长春、安顺、延吉举办了四届"中国避暑旅游产业峰会"[17],会上发布了"避暑旅游城市""避暑旅游城市观测点"和"最佳避暑旅游城市"名单。获奖名单是依据中国气象局全国 359 个基准站数据,根据气候舒适度及旅游业发展情况而评出,获奖名单详见表 1.2。

1.6.2 组织"中国天然氧吧"创建活动

"中国天然氧吧"创建活动是由中国气象服务协会发起,旨在通过该活动,倡导绿色、生态的生活理念,唤起全社会对生态环境保护的意识,促进绿色经济的发展。中国气象服务协会相继制定并发布了《"中国天然氧吧"创建管理办法》《天然氧吧评价指标》等文件和标准,确保创建评价工作的客观、公正。

表1.2 旅游气象委员会组织开展的"中国避暑旅游产业峰会"

时间	地点	项目名称	内容
2015年9月24日	云南省昆明市	首届中国避暑旅游产业峰会	本次中国避暑旅游产业峰会主题为"发现目的地、培养新增长点",旨在相互交流学习2015年度避暑旅游城市中上榜城市的成功经验,共同探讨避暑旅游发展理念,分享避暑旅游城市在品牌推广、目的地建设与管理经验,促进避暑旅游经济的深度发展。会上发布了"避暑旅游城市"名单、"避暑旅游城市观测点"名单和"最佳避暑旅游城市"。其中昆明、长春、贵阳、哈尔滨、太原、银川、大同、烟台、大连、吉林、秦皇岛、青岛等18个城市获得"避暑旅游城市称号",安顺市、葫芦岛成为中国避暑旅游城市观测点,昆明、贵阳、烟台荣获"最佳避暑旅游城市"称号。 获奖名单是依据中国气象局全国359个基准站数据,根据气候舒适度及旅游业发展情况而评出。 峰会由中国旅游研究院、中国气象局公共气象服务中心联合主办,昆明市人民政府承办,中国天气网、《中国国家旅游》杂志、北京冠腾文化传媒协办
2016年6月24日	吉林省长春市	第二届中国避暑旅游产业峰会	本届峰会以"旅游+避暑—休闲新动态,增长新动力"为主题,旨在展示避暑旅游市场格局和发展成就,交流避暑旅游发展经验,分享避暑旅游城市在品牌推广、目的地建设与管理以及产业发展等方面的经验,促进避暑旅游产业和旅游新业态的发展。 会上发布了2016年避暑旅游上榜城市名单,其中7月上榜城市为:昆明、贵阳、大连、长春、丽江、哈尔滨、吉林、青岛、大同、烟台、呼和浩特、西宁、沈阳、太原、秦皇岛,8月上榜城市为:昆明、长春、贵阳、哈尔滨、银川、大同、吉林、延安、太原、呼和浩特、兰州、丽江、承德、大连、烟台。 毕节为"避暑旅游城市新增观测点"。 安顺、大同、葫芦岛、承德为"中国最具潜力避暑旅游城市"。 长春、贵阳、昆明为"最佳避暑旅游城市"。 峰会由中国旅游研究院、中国气象局公共气象服务中心联合主办,长春市人民政府承办,长春市旅游局协办

广西旅游气象服务发展对策研究

续表

时间	地点	项目名称	内容
2017 年 7 月 8 日	贵州省安顺市	第三届中国避暑旅游产业峰会	本届峰会以"共享经济推动避暑旅游健康发展"为主题,旨在与旅游业界的领导和专家共同探讨如何以共享经济理念和模式破解旅游城市淡旺季资源配置失衡等问题,促进避暑旅游健康持续发展。 会上发布了 2017 年最佳避暑旅游城市、避暑旅游城市观测点、最具潜力避暑旅游城市名单。 2017 年中国避暑旅游城市 7 月排名前十五的城市为:昆明、安顺、贵阳、大连、长春、吉林、丽江、大同、呼和浩特、哈尔滨、兰州、青岛、烟台、延安、西宁;8 月排名前十五的城市为:安顺、昆明、长春、贵阳、吉林、银川、哈尔滨、大同、延安、呼和浩特、兰州、太原、丽江、大连、承德。 "避暑旅游城市观测点":鄂尔多斯、神农架、凉山州、六盘水、中卫。 "最具潜力避暑旅游城市":太原、哈尔滨、青岛、延安、西宁。 "最佳避暑旅游城市":长春、烟台、贵阳、安顺、昆明。 峰会由中国旅游研究院、中国气象局公共气象服务中心联合主办,安顺市人民政府承办
2018 年 7 月 7 日	吉林省延吉市	第四届中国避暑旅游产业峰会	本届峰会以"避暑旅游:品质 品牌 国际化"为主题,旨在贯彻落实国务院办公厅《关于促进全域旅游发展的指导意见》(国办发〔2018〕15 号)"大力开发避暑旅游产品,推动建设一批避暑度假目的地"指示要求和原国家旅游局和中国气象局《关于联合提升旅游气象服务能力的合作框架协议》有关精神,进一步推动避暑旅游产业品质化、品牌化和国际化发展。 会上发布了《2018 全国避暑旅游城市发展报告》和《吉林省夏季避暑旅游气候适宜度分析报告》,公布了 2018 避暑旅游城市观测点、最具潜力避暑旅游城市、最佳避暑旅游城市名单。 2018 避暑旅游城市观测点为利川市、桐梓县、定西市、玉溪市、五指山市、阿勒泰市、中卫市、楚雄彝族自治州、晋城市、毕节市,最具潜力避暑城市为六盘水市、大同市、西宁市、伊春市、保山市、长白山、临沧市、吉林市、神农架林区、牡丹江市,最佳避暑旅游城市为大连市、长春市、贵阳市、安顺市、昆明市、哈尔滨市、青岛市、烟台市、延边朝鲜族自治州、大理白族自治州。 峰会由中国旅游研究院、中国气象局公共气象服务中心联合主办,世界旅游组织支持,吉林省旅游发展委员会和延边州人民政府承办

"中国天然氧吧"申报对象为我国境内气候舒适,生态环境质量优良,配套完善,适宜旅游、休闲、度假、养生的区域,包括县(县级市)行政区域或规模以上旅游区(旅游区面积不小于200平方千米),并且具备以下基本条件:

(1)气候条件优越,一年中人居环境气候舒适度达"舒适"的月份不少于3个月;

(2)负氧离子含量较高,年平均浓度不低于1000个/立方厘米;

(3)空气质量好,一年中空气优良率不低于70%;

(4)生态环境优越,生态保护措施得当、居民健康水平高、旅游配套齐全,服务管理规范。

创建活动由各地自愿申报,经中国气象服务协会初审、实地复核、专家评审以及协会会长办公会终审等环节,对申报地区的气候、空气质量、大气负离子水平等生态环境质量、生态及旅游发展规划、旅游配套情况等进行综合评价,对符合条件的申报地区予以认定、授牌。

2016年、2017年和2018年中国气象服务协会分别在北京钓鱼台国宾馆和浙江省衢州市开化县成功举办"中国天然氧吧"创建活动发布会。浙江省开化县等9个地区荣获2016年"中国天然氧吧"称号,贵州省梵净山自然保护区等19个地区荣获2017年"中国天然氧吧"称号,福建永泰县、广东龙门县、湖北神农架林区等36个地区荣获2018年"中国天然氧吧"称号[18]。目前全国已有64个地区获此称号(表1.3)。

表1.3 旅游气象委员会组织开展的"中国天然氧吧"创建活动

时间	地点	项目名称	内容
2016年7月26日	北京钓鱼台国宾馆	首届"中国天然氧吧"创建活动发布会	9个地区被此次活动评选为"中国天然氧吧":浙江省开化县、安徽省石台县、四川省沐川县、黑龙江省饶河县、陕西省商南县、陕西省留坝县、陕西省宁强县、广东省南岭国家森林公园风景区、山东省崂山风景区。发布会由中国气象服务协会主办,北京依派伟业数码科技有限公司协办。获评地区领导及中国气象服务领域知名人士、专家学者等近百人出席了此次发布会

续表

时间	地点	项目名称	内容
2017年9月26日	浙江省衢州市开化县	2017"中国天然氧吧"创建活动发布会	19个地区荣获"中国天然氧吧":贵州省梵净山自然保护区、浙江省龙泉市、安徽省绩溪县、广东省罗浮山风景名胜区、江西省婺源县、江西省龙虎山风景名胜区、安徽省霍山县、贵州省赤水市、陕西省佛坪县、安徽省金寨县、福建省武平县、江西省上犹县、浙江省宁海县、云南省石林县、浙江省宁波市奉化区、江西省武宁县、陕西省永寿县、陕西省旬邑县、贵州省凤冈县。 河北围场县(塞罕坝)被列为"中国天然氧吧"创建示范点。 来自中国气象局、浙江省政府部门和气象、旅游、康养等领域的专家,以及各创建地区代表、相关企业代表出席发布会
2018年9月26日	北京钓鱼台国宾馆	2018"中国天然氧吧"创建活动发布会	36个地区荣获2018年"中国天然氧吧"称号:河北省围场满族蒙古族自治县、山西省安泽县、山西省交城县、内蒙古自治区多伦县、辽宁省鞍山市千山风景名胜区、浙江省庆元县、浙江省泰顺县、浙江省景宁畲族自治县、浙江省杭州市临安区、浙江省武义县、浙江省衢州市衢江区、浙江省余姚市四明山旅游度假区、福建省永泰县、江西省资溪县、江西省崇义县、江西省上饶市铜钹山国家森林公园、江西省庐山市、河南省新县、河南省卢氏县、河南省三门峡县、湖北省神农架林区、湖北省英山县、湖南省江华瑶族自治县、湖南省平江县、湖南省宁远县、广东省龙门县、广西壮族自治区金秀瑶族自治县、贵州省石阡县、云南省普洱市思茅区、云南省新平彝族傣族自治县、陕西省太白县、陕西省宁陕县、陕西省柞水县、陕西省麟游县、陕西省周至县、新疆维吾尔自治区特克斯县。 来自中国气象局、中国气象服务协会、中国旅游研究院、人民日报、新华网、光明网等单位的领导及专家、各创建地区代表,相关企业代表出席本次会议。中国气象局原副局长许小峰、中国气象服务协会会长孙健、中国旅游研究院副院长李仲广、新华网副总裁杨庆兵、中国工程院院士丁一汇分别在发布会上致辞

习近平总书记在党的十九大报告指出:"建设生态文明是中华民族永续发展的千年大计。必须树立和践行绿水青山就是金山银山的理念,坚持节约资源和保护环境的基本国策,像对待生命一样对待生态环境,统筹山水林田湖草系统治理,实行最严格的生态环境保护制度,形成绿色发展方式和生活方式,坚定走生产发展、生活富裕、生态良好的文明发展道路,建设美丽中国,为人民创造良好生产生活环境,为全球生态安全做出贡献。""两山论"的提出为生态旅游的发展指明了方向,特别是在全域旅游发展的大背景下,对绿色生态旅游资源的保护与发掘利用就显得尤为重要。国办发〔2018〕15号文件《国务院办公厅关于促进全域旅游发展的指导意见》,在第二条"推进融合发展,创新产品供给"的第六点"推动旅游与交通、环保、国土、海洋、气象融合发展"中明确提出,要"开发建设生态旅游区、天然氧吧、地质公园、矿山公园、气象公园以及山地旅游、海洋海岛旅游等产品,大力开发避暑避寒旅游产品,推动建设一批避暑避寒度假目的地"。

创建"中国天然氧吧"活动,不仅能主动处理好生态保护、生态治理与生态发展的关系,更加促进了生态旅游、康体养生等事业的发展,既保护了"绿水青山",也收获了"金山银山"。"中国天然氧吧"创建活动自2016年初开展以来,受到了各级地方政府的热烈欢迎和高度重视,社会影响力不断扩大,目前申报地区逐年递增,2018年新申报地区已有近50个。

近几年"中国天然氧吧"创建活动取得了很好的成效,"天然氧吧"创建理念融入地方生态保护、旅游及绿色经济发展中,如:

(1)开化创建"中国天然氧吧"之后,掀起了全域治理生态环境、全域美化生态家园的新热潮。

(2)石台以"中国天然氧吧"创建为契机,在全县实施生态道德教育工程。

(3)崂山围绕"中国天然氧吧"以及绿色旅游、养生旅游等特色旅游资源,崂山风景区打造了多样的旅游产品,依托良好的生态提升旅游的价值。

(4)南岭荣获全国首批"中国天然氧吧"创建地区后,通过与当地政府合作,开展多种形式的活动,积极宣传"中国天然氧吧"生态发展、健康旅游的理念,将"中国天然氧吧"理念融入景区养生旅游的发展中。

(5)商南当地政府积极借助"中国天然氧吧"品牌影响力,按照"生态立县、旅游强县"的思路,着力建设绿色商南、打响生态品牌。

(6)奉化在创建过程中连续发布《奉化气候舒适度监测分析报告》《2016年度奉化空气清新度监测分析报告》《植被生态质量监测分析报告》,受到广泛关注,为地方生态保护、气候养生资源的发掘以及生态旅游发展提供了支撑。

(7)罗浮山在创建过程中,加大了对气候养生生态资源的重视和利用,将中国天然氧吧创建理念与地方康养旅游发展融为一体,尤其是对生态气候资源的监测、气候养生科普等方面工作作了系统的规划,建设了罗浮山生态气象观测网、罗浮山生态体验馆等设施。值得一提的是,罗浮山2017年9月成功获评"中国天然氧吧"称号后,为了更好地发挥罗浮山的区位和生态优势,优化游客的旅游体验,2017年10月罗浮山在朱明洞景区内建设了一个负氧离子生态体验馆。体验馆以绿色生态为主要背景,借助VR技术、MR混合现实技术、AR增强现实以及体感互动技术等科技手段,打造一个集科技性、趣味性于一体的体验馆,全方位展现了罗浮山的好空气。罗浮山风景名胜区管理委员会主任梁柳文表示,罗浮山将"中国天然氧吧"创建理念融入地方生态保护、康养旅游及绿色经济发展当中,将为加快推进生态文明建设、营造绿水青山的家园保驾护航。

1.6.3 开展"国家气象公园"建设工作

国家气象公园是指以气象旅游资源为主体,包括气象景观资源、气候旅游资源,具有较高的美学观赏价值和科学、文化价值,具有观赏游览、休闲养生、保健疗养、文化研究、科普教育等功能,并且具有一定规模和质量的风景资源和环境条件的特定的空间地域；国家气象公园是在特殊地形地貌和气象条件共同作用下产生的云海、雨（雾）凇、佛光（宝光）、海市蜃楼、雪景等气象景观，且蕴含一定的文化及美学价值，具有旅游观赏和科学研究价值的区域。

中国气象服务协会承办国家气象公园的评价、验收、考核工作。为推进国家气象公园建设，2015年9月旅游气象委员会组织专家编制了国家气象公园管理办法、国家气象公园评价指标、建设指南、验收办法等一系列技术文件，2016年、2017年分别发布了《气象旅游资源分类与编码》和《气象旅游资源评价》团体标准，为国家气象公园建设提供了技术保障。

2017年3月，中国气象局正式批复授权"国家气象公园"试点建设工作，黄山成为首个试点地区。2018年1月19日，国家气象公园试点建设工作启动会在安徽黄山隆重召开，标志着国家气象公园试点建设工作正式启动。2019年1月17日，首批国家气象公园试点（安徽黄山、重庆三峡）建设方案通过审查，将正式启动试点建设[19]。

第 2 章
广西旅游资源概况及气象服务发展现状

2.1 自然地理条件

2.1.1 地理位置

广西壮族自治区地处祖国南疆,中国沿海地区的最西南部,位于东经 104°28′~112°04′,北纬 20°54′~26°24′之间,北回归线横贯中部,经过苍梧—桂平—上林—那坡一线,是我国 4 个北回归线贯穿的省(区)之一,属低纬地区。最东至贺州八步区南乡金沙村,最西达西林县马蚌乡清水江村,最北抵全州县大西江乡炎井村,最南为北海市斜阳岛。广西东连广东省,南临北部湾并与海南省隔海相望,西与云南省毗邻,东北接湖南省,西北靠贵州省,西南与越南社会主义共和国接壤。广西陆地面积 23.76 万平方千米,海域面积约 4 万平方千米[20-21]。

2.1.2 地形地貌

广西地处中国地势第二台阶中的云贵高原东南边缘,两广丘陵西部,南临北部湾海面。西北高、东南低,呈西北向东南倾斜状。山岭连绵、山体庞大、岭谷相间,四周多被山地、高原环绕,中部和南部多丘陵平地,呈盆地状,有"广西盆地"之称[22]。

广西总体是山地丘陵性盆地地貌,分山地、丘陵、台地、平原、

石山、水面 6 类。山地以海拔 800 米以上的中山为主,海拔 400～
800 米的低山次之,山地约占广西土地总面积的 39.7%;海拔
200～400 米的丘陵占 10.3%,在桂东南、桂南及桂西南连片集中;
海拔 200 米以下地貌包括谷地、河谷平原、山前平原、三角洲及低
平台地,占 26.9%;水面仅占 3.4%。盆地中部被两列弧形山脉分
割,外弧形成以柳州为中心的桂中盆地,内弧形成右江、武鸣、南
宁、玉林、荔浦等众多中小盆地。平原主要有河流冲积平原和溶蚀
平原两类,河流冲积平原中较大的有浔江平原、郁江平原、宾阳平
原、南流江三角洲等,面积最大的浔江平原达到 630 平方千米。广
西境内喀斯特地貌广布,集中连片分布于桂西南、桂西北、桂中和
桂东北,约占土地总面积的 37.8%,发育类型之多世界少见[22]。

2.1.3　山脉与河流

　　受太平洋板块和印度洋板块挤压,广西山脉多呈弧形。山脉
盘绕在盆地边缘或交错在盆地内,形成盆地边缘山脉和内部山脉。
盆地边缘山脉从方位上分:桂北有凤凰山、九万大山、大苗山、大南
山和天平山;桂东有猫儿山、越城岭、海洋山、都庞山和萌渚岭;桂
东南有云开大山;桂南有大容山、六万大山、十万大山等;桂西为岩
溶山地;桂西北为云贵高原边缘山地,有金钟山、岑王老山等。内
部山脉有两列,分别是东北—西南走向的驾桥岭、大瑶山和西北—
东南走向的都阳山、大明山,两列大山在会仙镇交会。盆地边缘山
脉中的猫儿山主峰海拔 2141 米,是华南第一高峰[22]。

　　广西河流大多随地势从西北流向东南,形成以红水河—西江
为主干流的横贯中部以及两侧支流的树枝状水系。集雨面积在
50 平方千米以上的河流有 986 条,总长 3.4 万千米,河网密度每
平方千米 144 米。河流分属珠江、长江、桂南独流入海、百都河等
四大水系。珠江水系是最大水系,流域面积占广西土地总面积的
85.2%,集雨面积 50 平方千米以上的河流有 833 条,主干流南盘
江—红水河—黔江—浔江—西江自西北折东横贯全境,出梧州经
广东入南海,在境内流长 1239 千米。长江水系分布在桂东北,流

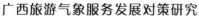

域面积占广西土地总面积的 3.5%,集雨面积 50 平方千米以上的河流有 30 条,主干流湘江、资江属洞庭湖水系上游,经湖南汇人长江。秦代在湘江(今兴安县境内)筑建的灵渠,沟通长江和珠江两大水系。独流人海水系主要分布于桂南,流域面积占广西土地总面积的 10.7%,较大河流有南流江、钦江和北仑河,均注入北部湾。自云南入广西再出越南的百都河,水系流域面积仅占广西土地总面积的 0.6%。此外,广西还有喀斯特地下河 433 条,其中长度在 10 千米以上的有 248 条,坡心河、地苏河等均各自形成地下水系[22]。

2.1.4 海岸和岛屿

广西大陆海岸东起与广东交界的洗米河口,西至中越交界的北仑河口,全长 1595 千米。海岸线曲折,类型多样,其中南流江口、钦江口为三角洲型海岸,铁山港、大风江口、茅岭江口、防城河口为溺谷型海岸,钦州、防城港两市沿海为山地型海岸,北海、合浦为台地型海岸。沿海有岛屿 651 个,总面积 66.9 平方千米,岛屿岸线 461 千米。最大的涠洲岛面积 24.7 平方千米。广西 0~20 米的浅海面积 6488 平方千米,滩涂面积 1000 多平方千米[22]。

2.2 气候特征

广西属亚热带季风气候,在太阳辐射、大气环流、下垫面和人类活动等因素综合作用下,广西气候最主要的特征是:气候温暖、夏长冬短,降水丰沛、夏湿冬干,气候资源丰富、气候差异明显,台风、雷电、暴雨等气象灾害频繁[23]。

广西各地年平均气温 16.5~23.1 ℃,等温线基本上呈纬向分布,气温由北向南递增,由河谷平原向丘陵山区递减;1 月平均气温 5.5~15.4 ℃;7 月平均气温 23.3~29.0 ℃;极端最低气温 −8.4~2.9 ℃,沿海大部、玉林市南部等地高于 0 ℃;极端最高气温 33.7~42.2 ℃;广西夏长冬短、气候温暖,大部地区冬天在 60 天以下,北海市、右江河谷、左江河谷的冬天少于 20 天,东兴市和涠洲岛等地长夏无冬。夏天除海拔较高的山区外,都在 4 个月以上,大部地区为 5 个月,北海市及东兴等地长达半年以上。

　　广西各地多年平均年降水量 1086～2755 毫米。分布趋势是东部多、西部少,丘陵山区多、盆地平原少,夏季迎风坡多、背风坡少。东兴—容县一带,昭平—金秀,桂北兴安—永福—融安一带为多雨区。东兴平均年降水量达 2755 毫米。西林—右江河谷一带,左江河谷,桂中盆地南部等地为少雨区。4～9 月是广西的雨季,降水量平均占全年的 78%,雨量集中,暴雨频繁,易发生暴雨洪涝灾害;10月到翌年 3 月是旱季,降水量平均占全年的 22%,易发生干旱。

　　广西各地年平均日照时数 1169～2219 小时,太阳总辐射 3601～5304 兆焦/平方米,分布趋势是南部多、北部少,盆地平原多、丘陵山区少。季节分布为夏季最多,日照时数占全年的 30%～40%、太阳总辐射占 31%～38%;冬季最少,各占 14%～18%。桂西的西部春季多于秋季,大部地区秋季多于春季[23]。

2.3　旅游行业发展概况

2.3.1　广西旅游资源丰富

　　广西沿边沿海,旅游资源丰富,有驰名中外的桂林山水,有亚洲第一、世界第二大的跨国瀑布——德天瀑布,有中国十大最美海滩——北海银滩以及中国地质年龄最年轻的火山岛——涠洲岛等自然景观,有兴安灵渠、宁明花山壁画等人文景观,还有壮族的三月三歌节、瑶族的盘王节、侗族的花炮节等民俗文化。更为独特的是,广西是中国的长寿大省,长寿之乡数量多达 26 个,占全国总数的 1/3,排名第一[24],广西绿水青山的良好生态,孕育出世界上最珍稀的“长寿”生态环境和宜居旅游资源。

　　截至 2017 年底,广西 A 级旅游景区共计 422 家,其中 5A 旅游景区 5 家(桂林漓江景区、桂林乐满地休闲世界、桂林独秀峰—王城景区、南宁青秀山风景旅游区、桂林两江四湖·象山景区),

4A 旅游景区 173 家,3A 旅游景区 230 家,2A 旅游景区 14 家[25]。广西 A 级旅游景区里有世界级、国家级景区共 22 个[26-27],其中世界文化遗产 1 个,国家级风景名胜区 3 个,国家森林公园 12 个,国家地质公园 5 个,国家矿山公园 1 个(表 2.1)。丰富的旅游资源为广西旅游业的发展提供了一个良好的基础。

表 2.1　广西国家级景区一览表

分类	景区名称	等级	评定年份
世界文化遗产	左江花山岩画景观	4A	2016
国家级风景名胜区	桂林漓江风景名胜区	5A	1982
	桂平西山风景名胜区	4A	1988
	花山风景名胜区	4A	1988
国家森林公园	南宁良凤江国家森林公园	4A	1992
	贵港市龙潭国家森林公园	4A	1993
	柳州融水元宝山国家森林公园	4A	1994
	防城港上思十万大山国家森林公园	4A	1996
	桂林龙胜温泉国家森林公园	4A	1996
	贺州姑婆山国家森林公园	4A	1996
	来宾金秀大瑶山国家森林公园	4A	1997
	玉林市大容山国家森林公园	4A	2003
	南宁九龙瀑布群国家森林公园	4A	2005
	河池天峨县龙潭大峡谷国家森林公园	4A	2008
	桂林资源八角寨国家森林公园	3A	1996
	贵港市平天山国家森林公园	3A	2005
国家地质公园	百色乐业大石围天坑群国家地质公园	4A	2004
	北海涠洲岛火山国家地质公园	4A	2004
	凤山国家地质公园	4A	2005
	鹿寨香桥喀斯特生态国家地质公园	4A	2005
	大化七百弄国家地质公园	4A	2009
国家矿山公园	合山市国家矿山公园	3A	2010

2.3.2　政府大力支持旅游产业发展

为了促进广西旅游业的发展,自 2013 年起,自治区党委、政府相继出台了《加快旅游业跨越发展的若干政策》《关于促进旅游与相关产业融合发展的意见》《关于加快县域特色旅游发展的实施意见》等一系列促进广西旅游发展的政策文件(表 2.2),有力地推动了广西旅游产业的发展。

表 2.2　近年来广西出台的促进旅游发展的政策文件

时间	部门	文件名称	主要内容
2013 年 6 月	中共广西壮族自治区委员会、广西壮族自治区人民政府	《关于加快旅游业跨越发展的决定》(桂发〔2013〕9 号)	提出加快旅游业跨越发展的总体要求、主要任务和保障措施
2013 年 7 月	广西壮族自治区人民政府	《加快旅游业跨越发展的若干政策》(桂政发〔2013〕35 号)	为深入贯彻落实《关于加快旅游业跨越发展的决定》(桂发〔2013〕9 号),制定了投融资政策、财税政策、产业融合政策、土地政策、旅游富民政策和配套扶持政策
2015 年 5 月	广西旅游发展委员会	关于加快旅游信息化建设工作的通知(桂旅办〔2015〕85 号)	要求推进我区智慧旅游建设和发展,充分发挥我区各级政府对旅游业发展的带动作用,加快推动旅游信息化工作及"广西旅游应急指挥监控系统"建设
2015 年 8 月	广西壮族自治区人民政府办公厅	《关于促进旅游业与相关产业融合发展的意见》(桂政办发〔2015〕79 号)	提出促进旅游业与相关产业融合发展的总体要求与发展目标、主要任务和保障措施

广西旅游气象服务发展对策研究

续表

时 间	部 门	文件名称	主要内容
2015年12月	广西壮族自治区人民政府	《关于促进旅游业改革发展的实施意见》（桂政发〔2015〕59号）	提出：树立科学旅游观；深化旅游综合改革；推动旅游产业转型升级；提升旅游公共服务水平；提升对外开放水平；完善旅游发展政策
2016年4月	广西旅游发展委员会	《广西壮族自治区智慧旅游企业建设指引》	明确了A级景区智慧旅游应用指引；星级饭店智慧旅游应用指引；旅行社智慧旅游应用指引；星级乡村旅游区暨星级农家乐智慧旅游应用指引
2016年4月	广西旅游发展委员会	《广西智慧旅游企业示范推进工作方案》	根据工作方案，智慧旅游企业建设包括基础硬件、智慧管理、智慧服务、智慧营销四个方面，其中企业类型又包括A级景区、星级饭店、旅行社、星级乡村旅游区和星级农家乐等
2016年7月	广西壮族自治区第十二届人民代表大会常务委员会第二十四次会议修订	《广西壮族自治区旅游条例》	第一章总则；第二章旅游者；第三章旅游促进；第四章旅游资源保护开发；第五章特色旅游；第六章旅游经营服务；第七章旅游监督管理；第八章法律责任；第九章附则

续表

时间	部门	文件名称	主要内容
2016 年 12 月	广西壮族自治区人民政府办公厅	《广西旅游业发展"十三五"规划》	明确了"十三五"广西旅游业发展的具体工作目标和工作要求
2017 年 8 月	广西壮族自治区人民政府办公厅	《关于加快县域特色旅游发展的实施意见》（桂政办发〔2017〕93 号）	明确了加快县域特色旅游发展的目标任务、重点工作、保障措施

资料来源：根据广西壮族自治区人民政府、广西旅游发展委员会网站资料整理。

2.3.3　旅游人数与旅游收入持续增长

近年来，广西旅游行业发展迅速，1995—2017 年广西旅游业逐年增长，旅游人数与旅游收入呈现持续增长的良好态势。星级酒店从 41 个上升到 470 多个，增长了 11 倍，旅游总收入从 28.3 亿元上升到 5580.4 亿元，增长了 197 倍，国内游客从 1450 万人次上升到 51800 万人次，增长了 36 倍，入境游客从 41.8 万人次上升到 512.4 万人次，增长 12 倍[28]，详见表 2.3 和图 2.1。

表 2.3　1995—2017 年主要年份旅游人数及收入

年份	旅游总收入（亿元）	国内旅游收入(亿元)	国际旅游外汇收入(亿美元)	国内游客（万人次）	入境游客（万人次）	星级饭店（个）
1995	28.3	17.4	1.21	1450	41.8	41
2000	168.6	146.8	3.07	3951	124.0	162
2005	303.7	277.8	3.59	6493	146.2	350
2010	952.9	898.1	8.07	14074	250.2	423
2011	1277.8	1209.5	10.52	17257	302.8	443
2012	1659.7	1578.9	12.79	20778	350.3	456
2013	2057.1	1961.3	15.47	24264	391.5	477
2014	2601.2	2495.0	17.28	28565	421.2	466
2015	3254.2	3136.4	19.17	33661	450.1	466
2016	4191.4	4047.7	21.64	40419	482.5	472
2017	5580.4	5418.6	23.96	51800	512.4	—

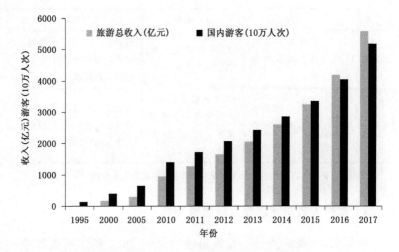

图 2.1　1995—2017 年主要年份旅游人数及收入

2.3.4　旅游业成为广西国民经济战略性支柱产业

随着广西旅游业的快速发展,"十二五"期间,全区接待游客 12.64 亿人次,年均增长 18.95%,其中接待入境游客 1915.85 万人次,年均增长 12.46%;旅游总消费 10850.03 亿元,年均增长 27.84%[28]。2015 年接待入境游客人数及国际旅游消费额位列全国前十。广西旅游业"十三五"开门红,根据《2017 年全区旅游工作报告》,2016 年全区接待旅游总人数 4.09 亿人次,同比增长 19.9%,旅游总消费 4191.36 亿元,同比增长 28.8%;全区旅游业综合增加值为 2522.8 亿元,对 GDP 的综合贡献率为 13.8%,比 2015 年提高 2.4 个百分点,比全国平均水平高 2.8 个百分点[29](图 2.2)。旅游业在拉动全区经济增长,增加财税收入,促进社会消费,增加就业机会,以及带动贫困地区人口脱贫致富等方面发挥着越来越重要的作用,成为广西国民经济战略性支柱产业。

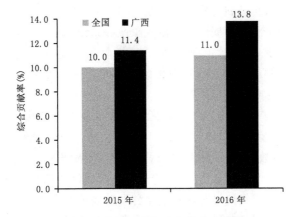

图 2.2　旅游业对 GDP 的综合贡献率

2.4　旅游气象服务现状

2.4.1　气象与旅游合作情况

（1）自治区气象局与自治区旅游发展委员会合作情况

为减轻气象灾害对旅游业发展的影响,2013 年,针对《自治区政府办公厅关于征求国民旅游休闲纲要(2013—2020 年)广西实施细则修改意见的通知》,广西气象局提出运用各种传媒资源,逐步建立全区旅游休闲咨询和气象、交通等安全风险提示服务信息系统。加强"广西旅游在线"网站建设,完善旅游休闲服务信息、交通信息、气象服务信息等服务功能;

2014 年,在向自治区旅游发展委员会报送《广西旅游工作厅际联席会第一次会议需要讨论的议题》文件中,广西气象局进一步提出"加强旅游气象预报服务技术的投入,建立科学规范的旅游气象预报预警业务体系,实现旅游气象预报预警产品制作、分发、检验评估一体化,不断拓展景区旅游气象服务业务内涵;同时气象、旅游及景区管理部门要加强合作,建立健全多形式、多渠道、多层

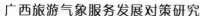

次、全方位的交流和合作长效机制,实现共同建设、信息共享、应急联动的部门合作,拓展广西旅游气象服务系统的应用服务领域"等建议,自治区人民政府采纳了广西气象局提出的部分建议,于2014年3月印发了《国民旅游休闲纲要(2013—2020年)广西实施细则》(桂政办发〔2014〕27号);

2017年广西气象局与自治区旅游发展委员会合作,广西旅游大数据平台接入了气象部门的实时数据,通过科学建模算出旅游出行天气指数、紫外线指数、舒适度指数、穿衣指数、感冒指数、运动指数、空气污染指数等数据,为游客出行提供帮助和指导。

(2)桂林市气象局与桂林市旅游发展委员会合作情况:在广西地市中,桂林市气象局在旅游气象服务方面开展了大量工作,取得了显著的成效:2016年桂林市气象局与桂林市旅游发展委员会进行了深度合作,通过"互联网+旅游+气象"的跨界融合,构建了桂林市智慧旅游气象服务体系;2017年5月20日"中国旅游日"主题活动上,桂林市旅游发展委员会与市气象局签订战略合作协议,双方将按照优势互补、注重实效、稳步推进、共同发展的原则开展合作;2017年7月桂林市气象局实现与市旅游发展委员会景区视频监控信息共享;2017年12月,桂林市气象局基本建成智慧旅游气象服务平台,基于该平台的桂林旅游气象微信公众号也正式开通,为旅游景区管理部门和社会公众提供方便、准确、及时、丰富的景区气象灾害预报预警信息、旅游资讯信息、专业化旅游气象服务产品等旅游气象信息服务,极大地满足了广大市民和游客对气象的需求。

2.4.2 主要旅游景区气象观测站、雷电监测站分布情况

在旅游景区建设自动气象观测站、雷电监测站,是开展景区气象监测和预警的基础,是做好旅游气象服务的前提。目前广西气象观测站和雷电监测站已覆盖大部分景区,并能提供相应的观测数据,为后续开展气象服务打下了良好的基础,然而在游客对旅游气象服务的需求不断提高,同时观测手段和技术不断进步,国家气

象观测站网不断完善,社会各部门观测体系不断融合的大背景下,自治区气象局在后续的旅游气象服务工作中,还应当根据景区及实际服务需求,继续增加布设观测站点,结合其他部门观测数据,提高智慧化的气象大数据服务。

(1)气象观测站

为满足广西建设旅游大省的需求,近几年广西气象局不断加大旅游景区气象观测站建设,4A 以上景区中,80%的景区周边 5 千米范围内布设有气象观测站(图 2.3),其中国家气象站 28 个,区域气象站 114 个,包括 1 要素站 36 个,2 要素站 30 个,4 要素站 38 个,6 要素站 5 个,7 要素站 5 个(表 2.4);直接建设在 4A 以上旅游景区内的气象站共 41 个(表 2.5),为开展旅游气象监测、预报、预警服务奠定了基础。

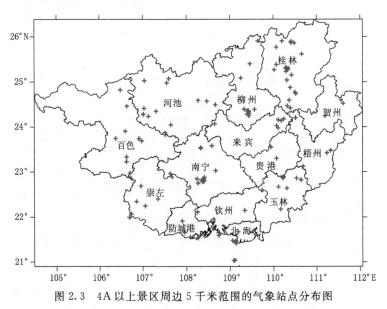

图 2.3　4A 以上景区周边 5 千米范围的气象站点分布图

(2)雷电监测站

广西是雷电高发区,为保护人民生命财产安全,2015 年在地方财政的支持下,广西气象局建设了广西雷电监测预警服务系统

表 2.4　4A 以上景区周边 5 千米范围内气象站类型和观测内容

气象站类型		数量(个)	观测内容
国家气象站		28	气温、雨量、风向、风速、气压、湿度、能见度、蒸发、日照、冰雹、雾、大风、结冰、雨凇等
区域气象站	1 要素站 (雨量站)	36	雨量
	2 要素站 (温雨站)	30	气温、雨量
	4 要素站	38	气温、雨量、风向、风速
	6 要素站	5	气温、雨量、风向、风速、气压、湿度
	7 要素站	5	气温、雨量、风向、风速、气压、湿度、能见度
合计		142	

表 2.5　旅游景区内的气象站概况

序号	景区名称	气象站名称/站号	气象站位置
1	南宁青秀山风景旅游区	青秀山公园/N1040	桂南宁青秀区青秀山公园
2	广西药用植物园	药用植物园/N1090	桂南宁兴宁区广西药用植物园
3	南宁大明山风景旅游区	观日山庄/N1410	桂南宁武鸣大明山观日山庄
4		天坪/N1420	桂南宁武鸣大明山天坪
5		灯笼花苑/N1430	桂南宁武鸣大明山灯笼花苑
6	隆安县龙虎山旅游景区	龙虎山风景区/N1214	桂南宁隆安屏山乡龙虎山风景区
7	南宁市凤岭儿童公园	凤岭儿童公园/N1640	桂南宁青秀区凤岭儿童公园
8	南宁昆仑关旅游风景区	昆仑镇/N1240	桂南宁兴宁区昆仑镇
9	南宁上林县大龙湖景区	大龙洞水库/N1218	桂南宁上林西燕镇大龙洞水库
10	三江程阳侗族八寨景区	程阳风雨桥/N2153	桂柳州三江林溪乡程阳风雨桥
11	柳州市三江县丹洲景区	丹洲镇/N2023	桂柳州三江丹洲镇
12	桂林龙胜温泉旅游度假区	温泉景区/N3049	桂桂林龙胜江底乡温泉景区

续表

序号	景区名称	气象站名称/站号	气象站位置
13	桂林市猫儿山景区	猫儿山 1995 米 /N3044	桂桂林兴安猫儿山西南侧海拔 2000 米
14		猫儿山 500 米 /N3524	桂桂林兴安猫儿山南侧海拔 450 米
15		猫儿山 1250 米 /N3554	桂桂林兴安猫儿山东南侧海拔 1250 米
16		猫儿山 1600 米 /N3584	桂桂林兴安猫儿山东南侧海拔 1600 米
17	藤县石表山休闲旅游景区	石表山风景区 /N4006	桂梧州藤县象棋镇石表山风景区
18	北海银滩旅游区	海滩公园/N9140	桂北海银海区海滩公园
19	钦州八寨沟旅游景区	八寨沟景区/N7531	桂钦州钦北区贵台镇八寨沟景区
20	钦州市浦北县五皇山景区	五皇山/N7763	桂钦州浦北龙门镇五皇山
21	广西玉林市大容山国家森林公园	大容山顶/N5516	桂玉林北流大容山山顶
22		大容山 800 米 /N5726	桂玉林北流大容山北侧海拔 800 米
23		大容山 600 米 /N5736	桂玉林北流大容山北侧海拔 600 米
24	桂平西山风景名胜区	西山镇/N5024	桂贵港桂平西山镇
25	贵港市龙潭国家森林公园景区	龙潭公园/N5254	桂贵港桂平南木镇龙潭森林公园
26	贺州姑婆山旅游区	姑婆山公园/N4710	桂贺州八步区姑婆山森林公园
27	昭平黄姚古镇风景名胜区	黄姚镇/N4502	桂贺州昭平黄姚镇

续表

序号	景区名称	气象站名称/站号	气象站位置
28	贺州市玉石林景区	玉石林风景区/N4840	桂贺州平桂区黄田镇玉石林风景区
29	靖西古龙山峡谷群生态旅游景区	古龙山/N6003	桂百色靖西湖润镇古龙山风景区
30	百色市平果黎明通天河旅游景区	黎明乡/N6142	桂百色平果黎明乡
31	大新德天跨国瀑布景区	德天村/N7204	桂崇左大新硕龙镇德天村
32	崇左市宁明县花山景区	花山民族山寨/N7255	桂崇左宁明城中镇花山民族山寨风景区
33	崇左大新德天老木棉景区	德天村/N7204	桂崇左大新硕龙镇德天村
34	河池天峨县龙滩大峡谷景区	龙滩水库/N8453	桂河池天峨八腊乡龙滩水库
35	河池宜州拉浪生态休闲区	拉浪林场/N8331	桂河池宜州安马乡拉浪林场
36	河池宜州怀远古镇景区	怀远镇/N8061	桂河池宜州怀远镇
37	上思十万大山国家森林公园景区	十万山公园/N9605	桂防城港上思十万大山森林公园
38	上思县十万大山百鸟乐园景区	十万山公园/N9605	桂防城港上思十万大山森林公园
39	金秀莲花山旅游景区	莲花山风景区/N2624	桂来宾金秀莲花山风景区
40	金秀县圣堂山景区	圣堂山/N2554	桂来宾金秀圣堂山西北侧海拔1226米
41	来宾金秀银杉森林公园	银杉/N2544	桂来宾金秀金秀镇银杉森林保护区

（彩图 2.4），该系统由三维闪电监测定位网、大气电场监测预警网、雷电流监测网、雷电监测预警服务系统、雷电预警短信发布平台组成，监测范围覆盖全广西，实现了全区雷电定位和信息共享，整体提升了广西雷电灾害防御现代化水平。目前，直接建设在旅游景区内的雷电监测站共 14 个（表 2.6），为开展旅游景区雷电灾害监测预警、保护游客生命财产安全提供了保障。

图 2.4　广西雷电监测预警服务系统站点分布图

表 2.6　旅游景区内的雷电监测站点列表

序号	景区名称	气象站名称/站号	气象站位置
1	南宁大明山风景旅游区	大明山/N1020	桂南宁武鸣大明山科技馆楼顶
2	桂林龙胜梯田景区	龙胜梯田/N3019	桂桂林龙胜梯田景区
3	桂林市猫儿山景区	猫儿山景区/N3024	桂桂林兴安华江乡猫儿山风景区南侧商店屋顶
4	梧州藤县石表山休闲旅游景区	石表山风景区/N4026	桂梧州藤县象棋镇石表山风景区

序号	景区名称	气象站名称/站号	气象站位置
5	北海银滩旅游区	银滩风景区/N9010	桂北海银滩风景区银滩海洋环境监测站
6	北海涠洲岛	涠洲岛/N9004	桂北海涠洲岛气象站观测场旁
7	百色乐业大石围天坑群景区	乐业天坑景区/N6037	桂百色乐业大石围天坑群景区烟棚无人站观测场
8	百色靖西湖润镇通灵大峡谷风景区	通灵大峡谷风景区/N6013	桂百色靖西湖润镇通灵大峡谷风景区
9	崇左大新德天跨国瀑布景区	德天瀑布景区/N7014	桂崇左大新德天瀑布景区业务楼顶
10	河池天峨县龙滩大峡谷景区	龙滩水电站/N8013	桂河池天峨龙滩水电站
11	防城港东兴金滩风景区	金滩风景区/N9514	桂防城港东兴金滩风景区
12	桂平大藤峡水利枢纽	大藤峡/N5024	桂贵港桂平南木镇大藤峡水利枢纽
13	南宁扬美古镇	扬美古镇景区/N1050	桂南宁江南区江西镇扬美镇扬美小学
14	钦州三娘湾旅游管理区	三娘湾景区/N7530	桂钦州钦南区三娘湾旅游管理区

2.4.3 旅游气象服务产品概况

目前,广西旅游气象服务产品主要有:

(1)在广西天气网发布 27 个旅游景点未来 24 小时天气预报(彩图 2.5);

(2)在广西天气网上发布每日"旅游景点天气综述";

(3)制作全区 14 个地市的气象指数,包括紫外线强度指数、体感温度、人体舒适度、着装指数、中暑指数、旅游气象条件指数等,在各地市的气象官方微博、微信公众号上发布。

图 2.5　广西部分旅游景点的逐日天气预报

　　(4)桂林市气象局推出了全市 32 个 4A 级以上景区未来 24～72 小时天气预报和星级乡村旅游景点的周末预报,并在"桂林旅游网""桂林气象"和"桂林旅游"官方微博账号以及桂林旅游落地式智能触摸屏、景区电子显示屏上发布。

　　(5)北海市气象局接入涠洲岛、北海银滩景区监控平台,进行天气实景监测,在恶劣天气来临前,及时准确发布预报预警信息,为政府和旅游部门提供决策依据。

　　(6)在部分景区和宾馆(如河池凤山三门海景区)通过电子显示屏发布每日天气预报,预报内容包括景区天气现象,温度,风向风速。

　　(7)广西壮族自治区防雷中心利用门户网站、广西防雷官方微信、新浪微博等新媒体平台,实时在线提供广西全区各地雷电天气实况监测和雷电预警信息,为旅游景区、游客防御雷电灾害提供帮助。

　　与先进省份相比,广西旅游气象服务起步较晚,服务形式较单一,服务范围小,服务产品的精细化、智能化方面还有待加强。

第 3 章
广西旅游业的发展对气象服务的需求分析

广西旅游业已成为国民经济战略性支柱产业,广西旅游业在拉动全区经济增长,增加财税收入,促进社会消费,增加就业机会,以及带动贫困地区人口脱贫致富等方面发挥着越来越重要的作用。随着旅游业的快速发展,对气象服务的需求越来越迫切,在旅游特色挖掘与打造、构建旅游安全保障体系和搭建旅游大数据平台等方面的需求尤其突出。

3.1 构建旅游安全保障体系对气象服务的需求

广西地处华南,位于云贵高原东南边缘,两广丘陵西部,地势呈西北向东南倾斜。广西境内四周多山地高原,山岭连绵、岭谷相间,中部和南部多丘陵平地;广西水系发达,河流湖泊众多。广西西南与越南接壤,国境线有 1020 千米,南濒北部湾,海岸曲折,大陆海岸线长达 1595 千米,拥有 12.93 万平方千米海域。

独特的山川地貌与气候条件,赋予了广西得天独厚的旅游资源,但同时也给广西旅游业的发展带来了巨大挑战。在全球变暖大背景下,暴雨、台风、雷电、大风等极端天气呈现增多的趋势,研究表明,气象条件是影响旅游体验和安全的重要因素,不利的气象条件会给游客的观光游览和交通出行带来负面影响,恶劣的灾害性天气甚至会威胁游客的生命财产安全,严重影响旅游业的发展。

原国家旅游局局长李金早在 2017 年全国旅游安全与应急管理工作会议的批示中指出："安全是旅游的生命线"[30]！随着我国公民出游规模日益扩大,出游方式不断增多,旅游安全问题显得愈加突出。

2018 年 7 月 11 日,中华人民共和国文化和旅游部与中国气象局联合印发《文化和旅游部　中国气象局关于进一步做好灾害性天气旅游安全风险防控工作的通知》(文旅办发〔2018〕40 号),通知指出："7 月 5 日,两艘载有中国游客的游船在泰国普吉岛附近海域发生倾覆事故,造成重大人员伤亡。习近平总书记等中央领导同志就加强旅游安全风险防范作出重要指示。"通知要求:"各地旅游管理部门和气象部门要加强汛期、暑期灾害性天气旅游安全风险的联防联控,切实发挥气象工作作为防灾减灾救灾'第一道防线'的重要作用,有效预防和减轻灾害性天气对旅游安全的影响。"

旅游业是高度依赖自然环境和气象条件的产业,气象条件是影响旅游安全和旅游质量的重要因素。一方面,舒适宜人的气象条件是旅游气象景观形成和一些专项旅游活动开展的必要条件,是游客安排假期出行、选择最佳时机观赏特有气象景观(如日出日落、云海、雾凇等)的先决条件。另一方面,低温雨雪冰冻、台风、暴雨、雷电、大风等气象灾害及洪涝、山体滑坡等次生灾害给游客生命财产安全、旅游资源品质、旅游基础设施造成了严重威胁,因灾害性天气造成人员伤亡和财产损失的旅游安全事故时有发生,如:

(1)2008 年 1 月底至 2 月初,低温雨雪冰冻灾害给我国 19 个省(区、市)的旅游业带来直接经济损失约 69.7 亿元。

(2)2008 年 8 月 1 日,8 名"驴友"在广西南宁大明山被暴雨引发的山洪冲走,3 人遇难。

(3)2011 年 5 月,广西武鸣 26 名"驴友"突遇山洪被困,1 人遇难,1 人受伤。

(4)2011 年 7 月 23 日下午,国家级 5A 风景区安徽省安庆市天柱山风景区遇罕见强雷暴天气,在位于海拔 1300 米以上的主峰景区游览的游客,突遭雷电袭击,致使 3 人死亡,3 人重伤,10 人轻伤。

(5)2011 年 8 月 13 日下午,江苏宜兴竹海景区因受短时强风暴雨和冰雹袭击,致滑道受损引发安全事故,造成 4 人死亡,24 人受伤。

(6)2013 年 7 月 14 日下午,广西来宾市金秀瑶族自治县忠良乡天堂山河谷突遇山洪暴发,94 名正在河中漂流的游客猝不及防,卷进了洪峰激流,事故最终导致 8 人死亡,9 人受伤。

(7)2015 年 6 月 1 日 21 时 30 分,隶属于重庆东方轮船公司的"东方之星"号客轮,在从南京驶往重庆途中突遇罕见的强对流天气(飑线伴有下击暴流)带来的强风暴雨袭击,在长江中游湖北监利水域沉没(彩图 3.1),造成 442 人遇难。

图 3.1 2015 年 6 月 1 日"东方之星"号客轮翻沉现场

由于暴雨、雷暴、大风等气象灾害是造成旅游安全事故的主要因素,因此,预测恶劣天气带来的旅游风险,做好旅游灾害预警服务,及时帮助游客规避气象灾害风险,最大限度的保障人民生命财产安全,已经成为构建旅游安全保障体系的重要内容。

3.2　旅游特色挖掘与打造对气象服务的需求

　　为了推动广西各地创建特色旅游名县,2016 年 6 月 23 日,广西壮族自治区创建特色旅游名县工作领导小组办公室印发了《广西特色旅游名县评定标准与评分细则(2016 年 6 月版)》[31]。在创建特色旅游名县时,需要对该县的旅游发展政策与措施、旅游特色挖掘与打造、旅游产业规模等 10 个项目进行打分,总分为 1050 分,其中"旅游特色挖掘与打造"分数最多,达到 200 分(表 3.1)。"旅游特色挖掘与打造"分为特色人文、特色景区、特色县城、特色街区、特色村镇、特色建筑、特色美食、特色商品、特色活动和特色服务共 10 个内容,每个内容 20 分(表 3.2)。

表 3.1　广西特色旅游名县评定标准与评分细则

序号	项目分类	分值
1	旅游发展政策与措施	80
2	旅游特色挖掘与打造	200
3	旅游产业规模	120
4	旅游项目投资与公共服务	180
5	旅游资源与生态环境保护	50
6	旅游宣传推广	70
7	旅游服务监管与安全生产	90
8	旅游人才发展与教育培训	40
9	旅游经济效益与社会效益	170
10	加分项	50
	合计	1050

　　气象与旅游关系密切,在特色景区、特色村镇的挖掘中,气象可以发挥重要的作用,因为:

　　(1)气象景观是一种重要的风景旅游资源,包括云雾、冰雪、雨凇、雾凇、烟雨、虹、日出、日落、宝光、极光等,具有重要的观赏价值,如"烟雨漓江"的雨景,猫儿山的云海、日出,大明山的树挂、雨凇等,都是引人入胜的景观,都给人们以赏心悦目的感觉。

表3.2 旅游特色挖掘与打造评分表

序号	内 容	分档得分
1	特色人文。挖掘提炼本地特色文化(如山水文化、历史文化、民族文化、物质与非物质文化、宗教文化、福寿文化、海洋文化、饮食文化、红色文化以及抗战文化等),并策划设计特色文化载体,进而转化成旅游产品,打造特色旅游文化品牌。 (评分:将本地特色文化打造成世界级旅游品牌1项得20分,国家级旅游品牌1项得12分,自治区级旅游品牌1项得6分。本项分值最高分20分。结合现场检查与材料审核,专家评议打分。)	20
2	特色景区。辖区内旅游景区资源独特,个性鲜明,具有较强的标杆性和垄断性,知名度较高,市场吸引力较强。 (评分:有世界知名度的特色景区或国家级AAAAA景区得20分,有全国知名度的特色景区得15分,有全区知名度的特色景区得10分。本项分值最高分20分。结合现场检查与材料审核,专家评议打分。)	20
3	特色县城。县城干净整洁,秩序井然,无"脏、乱、差"现象。主要街道景观独特,风貌和谐,整个县城具有当地文化特质,特色鲜明。 (评分:县城街道干净整洁得5分,建筑风貌和谐得5分,旅游氛围浓郁得5分,地方文化突出得5分,地标景观独特得5分。本项分值最高分25分。结合现场检查与材料审核,专家评议打分。)	25
4	特色街区。县城有地方或民族特色并吸引游客购物、娱乐的步行街区,街区建筑特色鲜明,业态丰富,卫生秩序良好。 (评分:步行街建筑特色鲜明得4分,业态丰富多样得4分,卫生秩序良好得4分,步行街长度200米(含)以上得4分,旅游经营常态化得4分。本项分值最高分20分。结合现场检查与材料审核,专家评议打分。)	20

续表

序号	内 容	分档得分
5	特色村镇。充分挖掘利用古镇、古村落、古民居群或民族村寨等乡村旅游资源,打造特色旅游村镇。 (评分:有国家权威部门颁布且开展旅游、形成旅游业态的全国特色景观旅游名镇、全国历史文化名镇等全国性名镇 1 个得 10 分;有国家权威部门颁布且开展旅游、形成旅游业态的全国特色景观旅游名村、全国历史文化名村、中国少数民族特色村寨、中国传统村落等全国性名村 1 个得 8 分;有自治区权威部门颁布且开展旅游、形成旅游业态的广西特色景观旅游名镇或广西特色旅游名镇等自治区名镇 1 个得 6 分;有自治区权威部门颁布且开展旅游、形成旅游业态的广西特色旅游名村、广西特色文化名村或广西特色生态(农业)名村 1 个得 4 分。若同一村镇同时获得多种称号的,取其中最高分,不重复计分,本项分值最高分 20 分。结合现场检查与材料审核,专家评议打分。)	20
6	特色建筑。辖区内有特色鲜明、保护完好的古建筑(群),或者建有标志性的有较高游览观赏价值的现代建筑物(群),且成为旅游产品的。 (评分:有特色鲜明、保护完好的国家级文物保护单位古建筑(群)每处得 10 分,自治区级文物保护单位古建筑(群)每处得 7 分,市级文物保护单位古建筑(群)每处得 5 分,县级文物保护单位古建筑(群)每处得 2 分;有标志性的,且有较高游览观赏价值的现代建筑(群)每处得 5 分。本项分值最高分 20 分。结合现场检查与材料审核,专家评议打分。)	20
7	特色美食。在城镇、旅游线路沿线有可接待旅游者的特色餐馆,且有地方风味的特色食品。 (评分:有菜品风味独特,服务环境优良,文化主题突出的特色餐馆每家得 3 分,有特色食品并进行商标注册的每个得 5 分,本项分值最高分 20 分。结合现场检查与材料审核,专家评议打分。)	20

续表

序号	内　　容	分档得分
8	特色商品。辖区内有生产或经营本地特色的旅游纪念品、工艺品的厂家、家庭作坊、商店，且商品种类丰富、包装实用大方，销售服务周到。（评分：有生产厂家每家得 2 分；有作坊或商店每家得 1 分；有特色鲜明的旅游商品且获国际性奖项的每个得 10 分、获全国性奖项的每个得 8 分、获全区性奖项的每个得 5 分；每个旅游商品若获多种奖项的取其中最高分，不重复计分，本项分值最高分 20 分。结合现场检查与材料审核，专家评议打分。）	20
9	特色活动。辖区内有为旅游者举办常态化的民俗风情表演节目或大型旅游演艺节目，或每年举办具有地方和民族特色的旅游节庆活动，节目精彩，特色突出，能有效提升当地知名度和影响力。（评分：有为旅游者举办常态化的民俗风情表演节目或大型旅游演艺节目的得 10 分，每年举办具有地方和民族特色的旅游节庆活动的得 5 分，本项分值最高分 15 分。结合现场检查与材料审核，专家评议打分。）	15
9	特色服务。辖区内旅游经营企业向旅游者提供丰富多彩的、满足旅游者个性化需求的特色服务项目（包括养生保健、康体医疗、游轮游艇、户外运动、空中观光、科普研学、情感体验等特色服务项目）。（评分：每种特色服务项目得 5 分，本项分值最高分 20 分。结合现场检查与材料审核，专家评议打分。）	20

　　(2)舒适宜人的气候环境也是重要的旅游资源，如适宜避暑的城镇、山村，适宜避寒的城市和海岛等；空气清新（负氧离子浓度高，天然氧吧）也是旅游资源，是开展洗肺游、康养游的重要条件。

　　(3)优质农产品是乡村游、农家乐的旅游资源之一，农产品品质与气候条件密切相关，通过分析农产品种植期的日照、气温、降水等气象资料，综合评价农产品的气候品质等级，统一颁发认证报告和认证标志，在农产品的外包装上贴上邮票大小的气候品质"优"的标签，为农产品气候品质书写"身份"名片。通过农产品气候品质认证建立本地的特色品牌,提升农产品的知名度和市场竞争力,为开展乡村游、农家乐提供特色旅游项目,如赏花、摘果、品茶等。

目前,广西在各市、县、乡镇共布设了 2500 多个气象观测站,有多年的气压、湿度、气温、降水、雷电、云、雾、雨凇、雾凇等观测资料,2016 年和 2017 年分别布设 6 个和 28 个负氧离子观测站,开展了负氧离子浓度观测,因此,在气象景观(包括云雾、雾凇、雨凇、烟雨、雪等)分析、洗肺游、康养游、避暑旅游、避寒旅游线路规划、农产品气候品质认证等方面,气象部门具有独特的优势,能够为特色旅游的发展提供技术支持。

3.3　旅游大数据平台对气象服务的需求

《广西旅游业发展"十三五"规划》提出:"依托广西信息化建设启动旅游大数据工程,加快与国家旅游数据中心、全国旅游产业运行监测与应急指挥平台,以及公安、交通、航空、统计、三大电信运营商等相关平台的对接,建立旅游与多部门数据共享机制,形成旅游产业大数据平台,利用大数据、云计算技术手段,创新旅游管理方式。"2017 年 12 月 26 日,广西旅游大数据平台(即广西旅游产业运行监测与应急指挥平台)正式上线运行[32],平台数据除了来自自治区旅游发展委员会各相关业务系统外,还包括电信运营商、网络运营商、OTA、搜索引擎的实时数据以及公安、交通、环保、气象、测绘等部门的数据,具备行业管理、产业监管、统计分析、应急指挥、信息发布等功能。平台共有 20 多个功能模块,主要包括旅游综合指数分析、旅游要素展示、客流综合分析、景区客流分析、游客归属地分析、游客轨迹分析、游客特征分析、游客行为分析、游客出入境分析、景区监控分析、旅游舆情分析、气象环保分析等模块。

广西旅游大数据平台的"气象环保分析模块"接入气象部门以及环保部门的实时数据,预报未来 36 小时、一周的天气和空气质量情况,科学建模算出旅游出行天气指数、紫外线指数、舒适度指

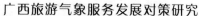

数、穿衣指数、感冒指数、运动指数、空气污染指数等数据,为游客出行提供帮助和指导。但是目前接入广西旅游大数据平台的气象服务产品还比较少,远不能满足旅游人群的个性化需求,因此,深入研究和开发丰富多样的旅游气象服务产品,如气象景观预报、负氧离子预报、花期指数预报、避暑旅游小镇推荐等,是满足"广西旅游大数据平台"对气象产品的迫切需求,也是做好旅游气象服务工作,促进广西旅游业可持续发展的需求。

3.4 乡村旅游(农家乐)对气象服务的需求

《2017 年政府工作报告》明确提出:"大力发展乡村、休闲和全域旅游。"全域旅游已经成为一项国策。目前,全域旅游示范区创建工作正在全国各地如火如荼地开展,而乡村、休闲旅游作为全域旅游发展的重要一环,是全域旅游发展的落脚点和突破口。在全域旅游发展的时代背景下,广西正在大力发展乡村旅游、城市休闲旅游和全域旅游,着力打造特色旅游名县的升级版和全域旅游的广西模式。近年来,广西乡村旅游发展保持持续稳定增长,全区累计创建星级乡村旅游区(农家乐)1100 多家。2016 年广西乡村旅游接待游客 1.77 亿人次,占全区接待游客量的 43.4%;乡村旅游消费 1089.75 亿元,约占广西旅游总消费的 26%。2017 年广西全区乡村旅游接待游客约 2.19 亿人次,同比增长约 24%;乡村旅游消费约 1405.8 亿元,同比增长约 29%[33]。乡村旅游已成为广西旅游产业发展的一大亮点、旅游消费的一大热点和助力脱贫攻坚的有力抓手。

然而,对自然环境有相当依赖性的乡村旅游而言,气象灾害仍是不能避免的风险因素,暴雨、雷暴、大风等气象灾害及其引发的滑坡、泥石流等次生灾害对乡村旅游的安全造成较大隐患,气象灾害不仅对游客生命安全造成威胁,也影响农家乐的正常经营,不利于其正常发展。因此,开展乡村旅游气象灾害风险评估,对保障旅游者出游安全和农家乐经营者的利益、促进广西乡村旅游经济持续健康发展具有重要意义。另一方面,依托自然环境的乡村旅游,必须突出乡村气候资源优势,发掘特色旅游气象服务产品,提高农家乐的吸引力,比如突出乡村舒适的气候、清新的空气、独特的气象景观、优质的农产品等。因此,开展乡村旅游气候资源评估,助力特色旅游产品的发掘,也是乡村旅游气象服务的一项重要工作。

第 4 章
广西旅游气象服务在发展中存在的问题

╋━╋━╋━╋━╋━╋━╋━╋━╋━╋━╋━╋━╋━╋━╋━╋━╋━╋━╋

随着"一带一路"战略的提出和发展,广西作为 21 世纪海上丝绸之路与丝绸之路经济带有机衔接的重要门户,极大地促进了旅游业的发展。快速发展的旅游业对气象服务的需求越来越高,但广西旅游气象服务目前还处于起步和探索阶段,缺少完善的旅游气象服务体系,旅游气象服务的组织机构、景区监测、专家联盟、服务标准和特色服务产品等亟待完善。

4.1 旅游、气象部门缺乏常态化联动合作机制

截至 2017 年,国内有十几个省和直辖市的气象部门,已经与当地旅游部门签订了与旅游气象相关的合作协议,而广西气象局和广西旅游局尚未签订合作框架协议,旅游、气象两部门之间缺乏常态化的联动合作机制,影响了旅游气象观测网的建设、旅游气象信息共享、气象灾害应急联动、旅游气象资源挖掘和景区气象灾害评估等方面工作的开展。

除了气象与旅游两部门之间缺乏联动合作机制外,在气象部门内部也未形成良好的上下联动机制,因此,相关的旅游、气象资源不能很好地共享,人力、物力、财力的投入得不到有力的保障。

4.2　旅游气象服务综合观测系统尚未建立

　　旅游活动对自然环境依赖性很强,易受天气气候变化的影响,如景区的气候舒适度,云海、日出、佛光等特色气象景观均与天气变化密切相关,景区的暴雨、雷电、大风等气象灾害是影响旅游安全的重要因素,因此,景区天气观测和气象灾害监测预警服务是保障旅游活动正常开展和规避气象灾害风险的重要工作,但是到目前为止,针对保障景区公共安全、提升公众旅游舒适度、开发旅游气候资源的综合气象观测系统尚未建立,导致许多旅游景区缺乏气温、湿度、风向风速、大气负氧离子等影响旅游舒适度的气象观测,以及景区雷电、强降水、高温、大风、大雾等灾害性天气的观测,影响了旅游景区气象灾害及其引发的山洪、泥石流、山体滑坡、塌方等次生和衍生灾害的监测预警工作的开展,导致无法及时为景区和游客提供具有针对性和实用性的旅游气象服务,这与广西打造"旅游大省"的目标很不相称。

4.3　亟需开展有针对性的旅游气象服务

　　随着旅游业的快速发展,人们的旅游体验目的多种多样,有游览观光、户外拓展探险、休闲养生等,人们的旅游方式不断增多,有徒步游、自驾游、骑行游、游艇游等;不同目的、不同旅游方式的游客群体对气象服务产品的需求是不同的,但目前气象部门多以预报产品代替旅游专业气象服务产品,以公众气象服务代替旅游气象专业服务,普适性、一般化的产品较多,有针对性的产品较少,针对不同旅游者的不同需求,还不能提供精细化、个性化、多样化的服务产品,如旅游目的地各月气候舒适度、最佳适宜旅行期、有利天气和不利天气介绍,旅游主干道的交通气象条件、景区天气实况和天气实景、景区气象灾害监测预警信息、景区旅游指数预报、景区气候舒适度预报、紫外线指数预报、景区气象灾害防御指南等。

目前专业旅游气象服务不专的现象仍然是一个突出的问题。

由于缺乏针对性的服务产品,也就没有打造强有力的旅游气象服务品牌,服务缺乏载体未能落地,不能给政府、企业、公众等服务对象提供服务,也就不能得到服务对象的接受,缺乏服务主体的认可和买单,自然无法获得良好的社会效益与经济效益。

另外,在广西本土缺乏一个集约化的旅游气象服务平台,各地气象部门开展的旅游气象服务比较零散,未能形成规模化的旅游气象服务,公众获取服务不够便利,无形中增加了获取成本,并降低了服务体验。

4.4 旅游气象灾害防御体系有待建立

"安全是旅游的生命线"!气象灾害是影响旅游安全和旅游质量的重要因素。广西地处低纬度地区,南临北部湾,地势由西北向东南倾斜,其间丘陵广布,河流纵横,水汽充沛,太阳辐射强烈,所以广西是雷电、台风、暴雨、高温、冰雹等气象灾害以及洪涝、泥石流、滑坡、塌方等次生灾害频繁发生的省区之一,对旅游安全造成较大隐患。因此,构建旅游气象灾害防御体系,对保障广大旅游者出游安全、促进广西旅游经济持续健康发展具有重要意义,但目前广西还没有开展旅游景区主要气象灾害风险普查,不同类型景区、不同景点暴雨、山洪、雷电、大风、冰冻等气象灾害风险等级的致灾临界阈值还有待研究确定;同时由于旅游气象服务综合观测系统尚未建立,对一些特定区域的观测数据缺乏,基于阈值的气象灾害风险预警模型未能建立,针对旅游景区发布的气象灾害风险预警产品还比较少,加上一些景区防灾避灾基础设施比较欠缺,所以旅游气象灾害防御体系亟需进行系统的规划与构建。

4.5 旅游气象信息发布渠道有待拓展

旅游气象服务产品研发、旅游灾害防御体系建立后,需要一个完善的旅游气象信息发布渠道来向政府、企业、公众发布预报预警及相关服务信息。旅游是现代人生活的一种休闲享受方式,随着市场的发展,人们对旅途中的各种体验和旅游品质要求越来越高,包括在整个旅途中的天气条件、交通情况等。旅游气象服务在指导游客出行、加强安全保障等方面发挥着重要作用,越来越多的游客会参考天气情况来安排自己的出游计划,气象信息已经成为旅游者出游所必需的公共服务信息。

《中华人民共和国旅游法》第二十六条规定:"国务院旅游主管部门和县级以上地方人民政府应当根据需要建立旅游公共信息和咨询平台,无偿向旅游者提供旅游景区、线路、交通、气象、住宿、安全、医疗急救等必要信息和咨询服务。"2016 年 7 月 21 日修订通过的《广西壮族自治区旅游条例》第 15 条规定:"县级以上人民政府旅游主管部门应当组织建立旅游监测和旅游公共信息服务平台,免费向旅游者提供景区情况、旅游线路、交通、气象、客流量预警等旅游信息和咨询服务。"这就在法律层面肯定了气象信息和气象服务在旅游中的重要性,同时也对气象部门提供旅游气象服务方面提出了要求。目前旅游气象服务多采用气象网站、显示屏、手机短信、官方微博、微信公众号等渠道进行发布和提供,由于没有建立新媒体旅游气象信息发布联动机制,无法保证旅游气象服务信息快速、准确地直达用户,影响了气象信息的及时性和有效性,旅游气象预报预警信息覆盖面和到达率与解决"最后一公里"问题的需求还有较大差距,导致游客无法及时掌握主要交通要道和旅游景区天气实况,更无法对景区内灾害性天气及相关次生灾害进行预判,致使旅游气象灾害应急处置能力较差。总体而言,旅游气象信息和气象灾害预警发布手段和实效性相比旅游管理部门和公众的要求还相差甚远,远不能满足游客的个性化、多样化需求。

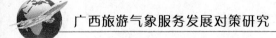

4.6 旅游气象资源未得到充分挖掘

广西属云贵高原向东南沿海丘陵过渡地带,具有周高中低、形似盆地,山地多、平原少、岩溶广布,山水秀丽、海岸曲折、多港湾滩涂的独特地形特点;广西的地理位置决定了广西属中、南亚热带季风气候,是中国季风最明显的地区之一。独特的地形地貌、地理位置和气候特点,使得广西拥有山岳型、生态型、滨海型等多种类型的旅游景区,也孕育了丰富的旅游气候资源,但目前广西还没开展特色气象景观资源(云海、宝光、雨凇、雾凇、日出、日落)的调研和观测,也没有开展气候环境资源(避暑气候、避寒气候、四季如春气候、阳光充足气候、空气清新气候)的评估;广西是我国4个北回归线贯穿的省(区)(台湾、广东、广西、云南)之一,北回归线上(苍梧—桂平—上林—那坡一线)的气象景观、避暑气候、天然氧吧等旅游气象资源还未挖掘;广西是中国的长寿大省,拥有中国最多的长寿之乡(巴马、金秀、昭平、凤山等),长寿之乡数量达26个(表4.1,表4.2,图4.1,图4.2),占全国总数的三分之一,世界上最珍稀的"长寿"宜居气候资源也未开展深入评估。基于以上情况,至今还没有开展广西旅游气候资源区划研究,未能满足广西构建特色旅游景区(天然氧吧、气象公园、国家气候标志等)、特色旅游村镇(避暑小镇、避寒之乡、康养福地)的需求。

表 4.1　分布在广西的"长寿之乡"

序号	长寿之乡	评定时间	所辖地市
1	巴马	1991 年 11 月 1 日	河池市
2	永福	2007 年 12 月 12 日	桂林市
3	东兴	2010 年 10 月 16 日	防城港市
4	昭平	2011 年 11 月 16 日	贺州市
5	上林	2012 年 12 月 28 日	南宁市
6	扶绥	2013 年 4 月 9 日	崇左市
7	容县	2013 年 4 月 10 日	玉林市
8	东兰	2013 年 4 月 18 日	河池市
9	岑溪	2013 年 5 月 23 日	梧州市
10	蒙山	2013 年 7 月 28 日	梧州市
11	金秀	2013 年 11 月 28 日	来宾市
12	阳朔	2013 年 12 月 13 日	桂林市
13	凤山	2013 年 12 月 24 日	河池市
14	凌云	2014 年 2 月 4 日	百色市
15	天等	2014 年 5 月 15 日	崇左市
16	富川	2014 年 6 月 4 日	贺州市
17	大新	2014 年 8 月 28 日	崇左市
18	恭城	2014 年 8 月 29 日	桂林市
19	宜州	2015 年 3 月 20 日	河池市
20	马山	2015 年 6 月 3 日	南宁市
21	大化	2015 年 6 月 25 日	河池市
22	龙州	2015 年 7 月 7 日	崇左市
23	钟山	2015 年 8 月 31 日	贺州市
24	天峨	2015 年 12 月 30 日	河池市
25	象州	2016 年 1 月 11 日	来宾市
26	浦北	2017 年 7 月 12 日	钦州市

表 4.2　广西 14 个地市"长寿之乡"数量

序号	地市	数量(个)	长寿之乡
1	河池	6	巴马、东兰、凤山、宜州、大化、天峨
2	崇左	4	扶绥、天等、大新、龙州
3	桂林	3	永福、阳朔、恭城
4	贺州	3	昭平、富川、钟山
5	南宁	2	上林、马山
6	梧州	2	岑溪、蒙山
7	来宾	2	金秀、象州
8	防城港	1	东兴
9	玉林	1	容县
10	百色	1	凌云
11	钦州	1	浦北
12	柳州	0	
13	贵港	0	
14	北海	0	
合计		26	

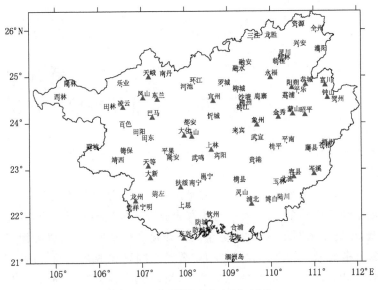

图 4.1 广西"长寿之乡"分布图

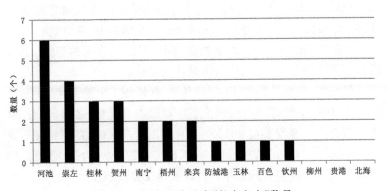

图 4.2 广西 14 个地市"长寿之乡"数量

第 5 章
广西旅游业 SWOT 分析

与国内旅游大省相比,广西虽然有良好的旅游气象资源,但市场中缺乏规模企业,本土现有旅游企业服务规模小并且零散,效益低,市场需求不足,针对旅游企业去开发客户难度大,所以旅游气象服务要做大做强,做精做深,就要紧跟国家和地区政策、方针和行动计划,通过政府对资源的整合,来匹配旅游服务市场的需求,对接服务主体,研发服务产品,打造服务品牌,发挥服务效益,取得相应的回报,形成服务的闭环。

应用 SWOT 分析法,即态势分析法,可以将研究对象内部的优势(strengths)与劣势(weaknesses)、外部的机遇(opportunities)与挑战(threats)等,通过调查列举,用系统分析的思想,把多因素相互匹配分析,从而得出决策性的结论。

我们对调查了解到的广西旅游业情况,开展广西旅游业SWOT 态势分析(表 5.1),理清了广西旅游的优势、劣势、机遇、挑战。结合广西旅发委在 2018 年 2 月提出的全区旅游"三年行动计划",分析了广西旅发委的 SO、WO、ST、WT 策略,为提出"提高广西旅游气象服务能力和水平"的对策建议提供依据。

表 5.1　广西旅游业 SWOT 分析

外部因素　　　　　　　　内部能力	优势 S	劣势 W
	1. 全年适宜旅游时间长 2. 旅游资源丰富 (1)景观资源丰富 (2)独特的民俗风情 (3)宝贵的长寿资源	1. 缺乏大企业投资 2. 旅游资源存在历史元素短板 3. 配套设施不够完善 4. 市场推广较弱
机遇 O	SO策略	WO策略
1. 旅游业发展规划正式纳入国家重点专项规划 2. 广西旅发委明确发展路线,重点实施十大"三年行动计划"	抓住国家推动旅游业发展机遇,发挥资源优势,通过实施产业融合,拓宽"旅游+"渠道,丰富旅游产品	针对缺少投资,线路内容单薄的劣势,广西将抓住机遇,实施旅游投资提升,增加建成旅游重大项目和优质旅游景区
挑战 T	ST策略	WT策略
1. 先进旅游省(区)旅游产业开始融合,更利于争取政府支持与招商引资 2. 外省(区)发展定位清晰,已取得先发优势 3. 外省通过产业融合拓宽了旅游的概念,研发更有竞争力的旅游线路和配套产品。 4. 外省引入社会投资早,开发了新的旅游资源	面对先进省(区)旅游线路和产品更具竞争力的挑战,广西将发挥适宜旅游时间长、旅游资源丰富的优势,实施特色旅游和全域旅游发展,同时将发挥广西农业优势,实施旅游业乡村振兴	针对旅游资源缺乏历史文化元素的短板及市场推广较弱的劣势,以及先进省(区)已获得有利竞争位置的挑战,将采用后发优势,快速实施旅游市场营销提升,围绕广西"世界健康旅游目的地"定位,打造完整的品牌营销体系

5.1　与外省(区)相比,广西旅游优势

5.1.1　全年适宜旅游时间长

相比北方地区,广西气候温暖,夏长冬短,大部地区冬天在 60 天以下,北海市、右江河谷、左江河谷的冬天少于 20 天,东兴市和

涠洲岛等地长夏无冬。夏天除海拔较高的山区外，都在4个月以上，大部分地区为5个月，北海市及东兴等地长达半年以上。广西各地年平均气温16.5～23.1 ℃，全区年平均气温20.5 ℃，基本全年适宜旅游。

5.1.2 旅游资源丰富

(1)景观资源丰富：地形山海相连，河流湖泊众多，山川秀丽，风光旖旎，有驰名中外的桂林山水，中越边境的德天瀑布，北部湾的北海银滩等自然景观，也有世界上最古老的运河兴安灵渠、世界文化遗产宁明花山壁画等人文景观，对国内外游客具有较大的吸引力。

(2)独特的民俗风情：境内少数民族众多，民俗文化丰富多彩，有壮族的三月三歌节、瑶族的盘王节、侗族的花炮节等民族风情。境外毗邻东南亚，东南亚风情与本土民俗文化兼收并蓄。融合了边关山海风貌与少数民族及东南亚风情的旅游资源，能满足游客的多种需求。

(3)宝贵的长寿资源：拥有中国最多的长寿之乡，数量达26个，占全国总数的三分之一。广西绿水青山的良好生态，孕育出世界上最珍稀的“长寿”生态环境和宜居旅游资源，是康养旅游的首选地。

5.2 与外省(区)相比，广西旅游劣势

5.2.1 缺乏大企业投资

广西旅游缺少大企业投资，景区较分散，内容较单薄，未能打造成上规模的景区或特色线路。

5.2.2 旅游资源存在历史元素短板

因历史原因，广西与中原和江南等文物古迹众多的地区相比，历史积淀相对薄弱，旅游资源存在一定的短板。

5.2.3 配套设施不够完善

广西旅游产业的配套设施,包括交通、住宿、餐饮娱乐、农旅物产等配套不完善。

5.3 与外省(区)相比,广西旅游面临的机遇

5.3.1 旅游业发展规划正式纳入国家重点专项规划

近年来,中央高度重视旅游业发展,在党的十八届五中全会上,习近平总书记就在《中共中央关于制定国民经济和社会发展第十三个五年规划的建议》中明确提出要大力发展旅游业;李克强总理在 2016 年国务院政府工作报告中提出,要"落实带薪休假制度,加强旅游交通、景区景点、自驾车营地等设施建设,规范旅游市场秩序,迎接正在兴起的大众旅游时代"。《中华人民共和国国民经济和社会发展第十三个五年规划纲要》中,有 15 处直接提到旅游产业的发展。在这样的发展背景下,2016 年 3 月,经国务院同意,我国首次将"十三五"旅游业发展规划正式纳入国家重点专项规划,这充分体现了党中央、国务院对旅游业发展的高度重视,表明旅游业已成为国家战略的重要组成部分,对社会经济的促进作用日益显著。

5.3.2 广西旅游发展委员会明确发展路线,重点实施十大"三年行动计划"

根据广西旅游发展委员会工作部署,2018—2020 年,广西旅游工作重点是实施十大"三年行动计划"[34],包括旅游投资提升、全域旅游发展、产业融合发展、乡村旅游振兴、旅游联合体、旅游厕所建设管理、智慧旅游与公共服务提升、旅游住宿业发展、旅游市场营销提升、旅游监管与服务提升。其中,产业融合发展、智慧旅游与公共服务提升等多个行动计划与气象部门有紧密关联。"旅

游产业融合"三年行动计划的目标,是全面落实旅游与相关部门的战略合作协议,加强部门对接与联系,完善部门联动机制,为产业深度融合搭建平台、拓展空间。拓宽"旅游+"渠道,不断丰富山水、林田、湖海等自然观光和传统游览旅游产品。实施"智慧旅游与公共服务提升"三年行动的目标是完善广西旅游大数据平台,打造广西智慧旅游名片。这就要求气象部门结合旅游行业服务计划与目标,开展后续的相关工作,以匹配旅游业对旅游气象服务的需求。十大"三年行动计划"的实施将有力提升广西旅游业在产业融合、配套设施、服务质量、市场推广等方面的水平。

5.4 与外省(区)相比,广西旅游面临的挑战

5.4.1 先进旅游省(区)旅游产业开始融合,更利于争取政府支持与招商引资

部分先进旅游省(区),旅游产业已开始融合,旅游与气象、农林、水利、文体、商务、住建、交通、环保等部门签订了战略合作协议,完善了部门联动机制,多部门联合推动旅游业发展,在旅游发展中处于领先地位,有利于进一步争取国家层面或地方政府的支持,也有利于招商引资,争取社会力量的投入。

5.4.2 外省(区)旅游发展定位清晰,已取得先发优势

外省(区)旅游发展定位清晰,抓住国家政策和机遇推动旅游发展,如与广西相邻的几个省,海南主打国际旅游岛、免税岛;贵州除打造红色旅游品牌,近年来还根据其气候特点打造了"爽爽的贵州"避暑旅游;广东、湖南、贵州、云南等省均有旅游区申报并获得"中国天然氧吧"称号,提高了旅游产品含金量。

5.4.3 外省通过产业融合拓宽了旅游的概念

外省通过产业融合搭建了平台、拓宽了旅游的概念,从而研发

出更丰富更有竞争力的山水、林田、湖海旅游线路和旅游配套产品。

5.4.4　外省引入社会投资早,开发了新的旅游资源

外省引入社会投资早,在传统山水休闲旅游品类之外,打造了新的文化特色旅游品牌,开发了新的旅游资源,如广东引入长隆主题乐园、上海引入迪士尼乐园、吉林引入长白山万达国际度假区等,从而打造新的蓝海市场。

5.5　广西旅游业发展策略

5.5.1　SO 策略,利用机会发挥优势

广西将抓住国家推动旅游业发展的机遇,进一步发挥旅游资源丰富的优势,将实施旅游产业融合,全面落实与农林、水利、文体等部门的战略合作协议,加强与卫生、工信、商务、住建、交通、环保、海洋等部门的对接与联系,完善部门联动机制,为产业深度融合搭建平台、拓展空间。拓宽"旅游+"渠道,不断丰富山水、林田、湖海等自然观光和传统游览旅游产品。

5.5.2　WO 策略,利用机会回避劣势

针对缺少投资,景区或线路内容单薄的劣势,广西旅游业将抓住"三年行动计划"的机遇,实施旅游投资提升,目标是到 2020 年,实现旅游业固定资产投资 3000 亿元以上,建成旅游重大项目百亿元以上的 10 个,10 亿元以上的 30 个,1 亿元以上的 100 个;全区旅游景区 4A 级 300 家以上,5A 级 10 家以上。

针对配套设施不完善劣势,将抓住机遇,实施旅游住宿业发展,目标是到 2020 年,全区四星级(含)以上饭店达到 150 家,每个设区市新增 1 家以上五星级饭店,引进 1 家以上国际知名品牌饭店;全区拥有精品旅游饭店 10 家,文化主题饭店 10 家,绿色旅游

饭店 30 家,金宿级旅游民宿 15 家,银宿级旅游民宿 50 家。

5.5.3 ST 策略,利用优势降低挑战难度

面对部分先进旅游省(区),旅游线路和配套产品更具竞争力的挑战,广西将发挥适宜旅游时间长、旅游资源丰富的优势,实施特色旅游和全域旅游发展,目标是到 2020 年,成功创建广西特色旅游名县 30 个、国家全域旅游示范区 20 个和自治区级全域旅游示范区 30 个,建成 30 个旅游型特色小镇。另外,还将发挥广西农业优势,大力发展乡村游,实施旅游业乡村振兴,到 2020 年,新创建全区星级乡村旅游区(农家乐)300 家、农旅融合标志性品牌 120 个,重点打造乡村旅游产业集聚区(乡村旅游带)30 个、乡村旅游精品线路 15 条。

5.5.4 WT 策略,针对劣势和挑战,作出针对性的改进

针对旅游资源缺乏历史文化元素的短板及市场推广较弱的劣势,以及先进省(区)定位清晰,并获得有利竞争位置的挑战,将采用后发优势,通过吸取外省(区)的先进经验和错误教训,找到发展捷径,避开弯路,快速实施旅游市场营销提升,围绕广西"世界健康旅游目的地"定位,打造完整的品牌营销体系。调动各方力量,形成政府引导、企业主体、区域联盟、媒体融合、游客互动的新型营销机制。并且依托特色旅游资源,打造一批特色旅游目的地,满足多样化、特色化旅游市场需求。针对不同季节、不同热点推出独具特色的主题旅游。深入开展"壮族三月三·八桂嘉年华"广西旅游文化节、冬游广西等旅游主题活动,打造具有品牌统领、特色鲜明的广西旅游目的地形象。

第 6 章
提高广西旅游气象服务能力和
水平的对策及建议

　　通过对国内旅游气象服务和广西旅游气象服务的发展现状的全面分析,针对广西旅游业对气象服务的需求和广西旅游气象服务发展中存在的问题,并结合广西旅游发展计划,提出提高广西旅游气象服务能力和水平的对策和建议。

6.1　建立旅游气象两部门常态化的合作机制

　　旅游气象服务的发展,必须要有相适应的体制与机制,要有服务主体与客体之间的密切配合,共同努力,即不仅要由气象部门提供气象服务产品,而且要由旅游部门、游客用好气象服务产品。广西旅发委"三年行动计划"中的 SO 策略,提出要实施旅游产业融合的目标是,全面落实与农林、水利、文体等部门的战略合作协议,加强与卫生、工信、商务、住建、交通、环保、海洋等部门的对接与联系,完善部门联动机制,为产业深度融合搭建平台、拓展空间。为此,气象应主动联系旅游部门,签订合作协议,建立新型的旅游气象服务管理体系与机制,建立起旅游和气象部门常态化的沟通合作机制。

6.1.1　建立旅游气象两部门协调委员会

　　由两部门有关领导、内设机构领导、专家组成,负责旅游气象服务的顶层规划设计、两部门之间协调、合作磋商、供需信息通报等。

6.1.2　建立旅游气象两部门专家委员会

由两部门有关领域专家组成,并聘请高校、科研院所等相关领域专家、学者参加,负责旅游气象服务发展、技术开发的咨询、评估,以及在预报预警服务系统、预警应急联动机制、个性化旅游气象服务研究等多个方面联合进行技术攻关等。

6.1.3　制定旅游气象服务工作章程

确定旅游气象服务工作内容、工作方式,确立旅游气象服务信息的发布流程、服务对象等。建立信息共享、定期会商、联席汇报、科研攻关等常态化合作机制,实现景区旅游人数、景区天气监测和预警等信息共享;健全和完善灾害性天气旅游安全联防责任制,建立气象灾害风险监管机制,促进旅游气象服务的可持续发展。

6.2　加强景区气象观测网建设

气象观测数据是做好气象预报预警的基础,广西旅游发展委员会实施智慧旅游与公共服务提升"三年行动计划"的目标包括"完善广西旅游大数据平台,打造广西智慧旅游名片"。我们前期在开展广西突发事件预警信息发布平台数据对接时,与广西旅发委沟通,旅发委表示旅游部门亟需气象数据支撑,以开展大数据服务,这点与气象部门智慧气象的目标高度契合。因此,气象与旅游部门应以满足旅游气象服务需求为目标,共同制定旅游气象观测网的建设规划,科学指导旅游气象观测系统建设,切实提升旅游气象观测能力,在现有综合气象观测系统的基础上,扩充开展针对保障景区公共安全、提升公众旅游舒适度的观测项目和内容,推进旅游、气象事业可持续发展。

6.2.1　观测网规划和建设

与旅发委、当地政府、景区管理部门建立长效合作机制,共同制订气象观测网建设方案、实施方案,合理设置旅游气象观测站网布局和观测内容,确保旅游气象观测网发挥最大效益。旅游与气象紧密结合,将旅游气象观测系统纳入旅游基础设施建设规划,把气象观测和服务能力作为 A 级景区等级评定标准之一。

6.2.2　观测网共建共养

充分集约社会资源,充分发挥气象和旅游部门各类气象观测站网的合力作用,积极争取地方各类项目对旅游气象业务的立项支持,统筹国家、地方各类观测系统建设投入的经费,实现旅游气象观测系统共同建设和共同维护,并明确气象部门、当地政府、景区管理部门的职责和分工。

6.2.3　提升观测能力

首先,统筹现有综合气象观测系统的布局和观测项目,在气象观测布局较为稀疏的景区开展气象灾害加密观测,借助地基、空基和天基等多种观测技术手段,按照气象灾害地域分布的特点合理布局,完善雷电观测网,加密布设自动气象站,着重开展景区雷电、强降水、高温、大风、大雾等灾害性天气的观测。加强景区洪涝、山洪、山体滑坡、泥石流等次生和衍生灾害的监测预警,全面提升景区气象灾害观测能力;其次,根据旅游气象服务需求,针对不同类型景区,开展旅游舒适度和旅游气候资源专项气象观测,内容包括紫外线、太阳辐射、大气负氧离子、空气质量、佛光、云海等,为挖掘特色旅游产品提供科学依据。最后,山岳型景区应开展立体气候观测,在不同高度(山底、半山、山顶)以及不同坡向(迎风坡、背风坡)布设气象观测站,为开展山岳型景区气象服务提供数据支撑。

6.2.4　加强观测网的运行监控

在气象、旅游部门现有运行监控系统中增加旅游气象观测设备的运行监控功能,提高对旅游气象观测设备运行状态的监控能力,为观测系统稳定运行提供有效支撑。

6.3　加强气象灾害防御,制定旅游景区气象灾害风险目录

气象灾害是引发旅游安全事故的重要因素之一,为有针对性的做好灾害防御工作,必须了解景区气象灾害特点和时空分布特征,开展旅游景区气象灾害风险评估,制定重点旅游景区气象灾害风险目录。

6.3.1　制定风险目录

与旅游部门联合开展重点旅游景区台风、雷电、暴雨、大风等气象灾害及山洪、滑坡、泥石流等次生和衍生灾害的调查和风险评估,编制气象灾害风险区划图,编写景区气象灾害评估报告,在此基础上,制定各旅游景区的气象灾害风险目录,为景区和游客防御气象灾害提供决策依据。

6.3.2　应急预案编制

为有效预防气象灾害引发的事故,最大程度减少事故发生及事故造成的损害,根据各旅游景区的气象灾害风险目录,针对各旅游景区可能发生的气象灾害及其衍生的次生灾害,如雷电、暴雨、山洪、滑坡、泥石流等,编制旅游景区的气象灾害应急预案,预先做好防灾的组织准备和物质准备,并加强灾害易发区的旅游设施防护和游客安全保护工作。

6.4　完善旅游气象信息发布机制

旅游气象信息在指导游客出行、减少旅游安全事故等方面发挥着越来越重要的作用,因此,及时、准确、客观向公众发布旅游气象信息,是提高旅游气象服务水平的标志之一,也是防御和减轻灾害损失的关键环节和重要基础。

6.4.1　建立信息发布联动机制

会同旅游、交通等有关部门细化旅游气象信息发布标准及流程,建立信息发布制度,规范信息发布程序,实现统一、高效、权威的信息发布。

6.4.2　拓展发布渠道

在电视、广播、网站、微信、微博、手机短信、电子显示屏等现有发布渠道的基础上,可以利用"广西突发事件预警信息发布平台"和"广西旅游大数据平台"及时发布旅游气象信息,还可以在气象手机 APP 中增加旅游专栏、联合本地最有影响力的微信公众号等方式,增加旅游气象信息传播渠道,开展更加迅速、准确、便捷的气象服务,使信息直达民众,实现直通式的旅游气象服务。

6.5　开展旅游气候可行性论证,挖掘气候之美

根据广西旅发委未来"三年行动计划"中的 WT 策略,将围绕广西"世界健康旅游目的地"定位,打造完整的品牌营销体系,并且依托特色旅游资源,打造一批特色旅游目的地,满足多样化、特色化旅游市场需求,针对不同季节、不同热点推出独具特色的主题旅游。气象与旅游关系密切,特色气象景观是稀缺的旅游资源,优良舒适的气候环境是稀缺的养生资源,因此,我们应积极开展旅游气候可行性论证,分析旅游气候资源,挖掘独具气候之美的旅游产

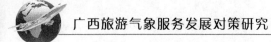

品,为广西特色旅游的发展提供技术支持。

6.5.1 气候资源普查

根据《气象旅游资源分类与编码》[35]《气象旅游资源评价》[36]《天然氧吧评价指标》[37]等标准,开展云海、宝光、雨凇、雾凇、日出、日落等天气景观资源的普查和避暑、避寒、空气清新等养生气候的普查。

6.5.2 旅游气候论证

根据气候环境的监测数据,开展避暑气候、避寒气候、四季如春气候、阳光充足气候、空气清新气候、生态宜居气候的分析和论证[38-42],依据国家标准《人居环境气候舒适度评价(GB/T 27963—2011)》[43],利用气温、湿度、风速等资料开展各景区旅游气候舒适度论证。

6.5.3 制作广西气象旅游资源区划图

根据气候资源普查结果和旅游气候论证结论,挖掘独具气候之美的旅游产品,制作广西气象旅游资源区划图,为广西构建特色旅游景区、特色旅游村镇提供决策依据。

6.6 打造"中国天然氧吧"集群,形成规模化的生态旅游线路

中国气象学会旅游气象委员会在 2018 年 6 月召开"中国天然氧吧"培训班,将继续大力推进"中国天然氧吧"品牌建设工作,我们可以结合广西"世界健康旅游目的地"定位,主动融入政府和有关部门生态文明建设工作部署,积极对接地方需求,以"中国天然氧吧"为切入点,开展旅游气象服务工作。

我们对目前获得"中国天然氧吧"称号的地区进行了调查,发现获得"中国天然氧吧"的景区具有集中分布的特点(彩图 6.1),这就

说明在某个符合申报条件的地区中,很可能存在多个达到申报条件的景区。因此,在开展当地景区申报"中国天然氧吧"活动时,建议:

(1)根据负氧离子观测资料,充分做好"中国天然氧吧"发掘工作,鼓励每个符合条件的景区都参与申报;

(2)提前做好规划,通过多个"中国天然氧吧"集群,形成规模化的生态旅游特色线路,同时让临近的"氧吧"共享交通、住宿等配套设施;

(3)通过前期规划,对临近的多个"中国天然氧吧"进行差异化的设计和经营,让游客获得不同的体验。

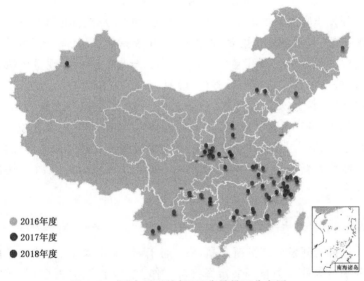

图 6.1 获"中国天然氧吧"称号景区分布图

6.7 开发有针对性的旅游气象服务产品,并做好市场推广

广西旅发委未来"三年行动计划"中的 ST 策略,是实施特色旅游和全域旅游发展,创建特色旅游名县、全域旅游示范区、旅游

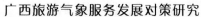

型特色小镇,大力发展乡村游,创建星级乡村旅游区(农家乐)、乡村旅游精品线路等。WO策略是实施旅游住宿业发展,增加旅游相关配套设施。在旅发委推动旅游业发展的过程中,会带动旅游景区及游客进一步加大对旅游气象服务的需求,目前有针对性的旅游气象服务产品还比较少,远不能满足旅游人群的个性化需求,因此需要开发有针对性的旅游气象服务产品,并做好市场推广。

6.7.1 开发有针对性的旅游气象服务产品

根据公众对旅游气象服务需求和潜在的旅游市场需求,在旅游安全气象服务、旅游资源发掘、景区规划建设等方面,深入研究和开发丰富多样的旅游气象服务产品,如旅游指数预报(紫外线强度指数、人体舒适度指数、着装指数、中暑指数、负氧离子指数等)、气象特色景观(云海、宝光、雨凇、雾凇、日出、日落等)观赏等级预报、特色主题旅游(赏花、骑行、游船、漂流、登山等)游玩适宜度预报、气候养生(如长寿气候、避暑避寒气候、四季如春气候、阳光充足气候、空气清新气候等)最佳地点、最佳季节推荐,以及气象结合交通业、酒店业、餐饮业等行业,针对游客提供智慧化服务等,通过不断研发新的旅游气象服务产品,满足日益增长的旅游市场的需求。

6.7.2 做好市场推广

针对开发的旅游新产品,引入旅行社、旅游景区、旅游电子商务平台等社会力量开展市场推广工作,尤其在当前"互联网+"时代,应当与OTA(Online Travel Agent)即携程、途牛、飞猪、去哪儿网等旅游电子商务平台合作,接入旅游气象服务,利用平台聚合用户所带来的流量红利开展市场推广,从而把气象旅游服务融入旅游产业链中,进一步发挥效益。

第 7 章
结 语

　　当前,旅游业已经当仁不让地成为国民经济战略性支柱产业,同时国家正在大力加强生态文明建设。在 2018 年 5 月 18—19 日召开的全国生态环境保护大会上,习近平总书记提出:"生态文明建设正处于压力叠加、负重前行的关键期,已进入提供更多优质生态产品以满足人民日益增长的优美生态环境需要的攻坚期,也到了有条件有能力解决生态环境突出问题的窗口期。"2018 年 6 月 11 日,中国气象局刘雅鸣局长在中国气象局党组召开中心组学习(扩大)会议,深入学习领会习近平生态文明思想时提出:"要深刻领会生态环境保护是关系党的使命宗旨的重大政治问题和优先民生领域,把不断满足人民群众日益增长的优美生态环境需要作为气象工作的根本出发点。""要准确把握加强生态环境保护对气象工作提出的新要求,围绕加快构建生态文明体系建设、全面推动绿色发展等战略部署要求找准定位。"为旅游业发展提供气象服务支撑,既符合了"不断满足人民群众日益增长的优美生态环境需要",又符合"全面推动绿色发展等战略部署要求找准定位"的要求。

　　我们通过开展"大旅游时代背景下广西旅游气象服务发展研究",了解了国内旅游气象服务和广西旅游气象服务的发展现状,分析了广西旅游业对气象服务的需求,以及广西旅游气象服务发展中存在的问题,并结合广西旅游发展计划提出了相应的对策和建议,为进一步提高广西旅游气象服务工作能力和水平,促进气象与旅游两部门加深合作,畅通信息渠道,实现资源共享,共同做好防灾减灾工作,全面提升旅游气象服务提供有力参考。

由于目前广西气象部门与旅游部门仍未正式签订框架合作协议,各旅游景区实体及广大游客对旅游气象服务的需求也在不断改变,所以在未来开展旅游气象服务的过程中,需要结合国家和地方政策,及时了解服务对象需求,进一步优化服务能力,为打造广西"绿水青山"和"金山银山"做出应有的贡献!

参考文献

[1] 中文互联网数据咨询中心. 世界经济论坛：2017 年旅游业竞争力报告 旅游业对全球 GDP 的贡献率达 10％[EB/OL]. http://www. 199it. com/archives/647954. html,2017-10-30/2018-03-26.

[2] 人民网."十三五"旅游业发展规划确定为国家重点专项规划[EB/OL]. http：//politics. people. com. cn/n1/2016/0323/c1001 － 28221306. html,2016-03-23/2017-03-26.

[3] 旅游届. 国家旅游局发布 2016 年中国旅游业统计公报[EB/OL]. http：//news. cncn. net/c_742783,2017-11-08/2018-06-15.

[4] 广西壮族自治区旅游发展委员会. 2017 年全区旅游工作报告[EB/OL]. http://www. gxta. gov. cn/home/detail/34907, 2017-03-06/2017-12-27.

[5] 广西壮族自治区旅游发展委员会. 2017 年旅游主要指标数据通报[EB/OL]. http://www. gxta. gov. cn/home/detail/37055,2018-01-18/2018-07-09.

[6] 中国气象局. 国家旅游局与中国气象局签署合作框架协议 游客将享受精细化旅游气象服务[EB/OL]. http://www. cma. gov. cn/2011xwzx/2011xqxxw/2011xqxyw/201110/t20111026_123839. html,2010-07-07/2017-04-09.

[7] 劲旅网. 张家界旅游综改快速提升旅游服务品质[EB/OL]. http://www. ctcnn. com/html/art/8074. htm，2012-09-04/2017-04-09.

[8] 安徽气象. 安徽：旅游气象服务分类推进 用好经验[EB/OL]. http://www. ahqx. gov. cn/2014Content. asp? BClass_ID＝264&id＝65120,2017-03-03/2017-05-10.

[9] 中国气象局. 湖北：建成旅游气象观测网服务 33 个景区[EB/OL]. http://www. cma. gov. cn/2011xwzx/2011xqxxw/2011xqxyw/201110/t20111026_123839. html,2013-06-26/2017-05-11.

[10] 福建气象. 福建清新指数助市民"森"呼吸 [EB/OL]. http://www.

fjqx. gov. cn/qxxw/gdqx/sjqxdt/201708/t20170828_350922. htm,2017-
08-28/2017-11-20.

[11] 中国气象局. 广东:首个生态旅游气象观测站投入运行[EB/OL].
http://m. cma. gov. cn/2011xwzx/2011xgzdt/201710/t20171026_452570.
html,2017-10-26/2017-11-25.

[12] 中国气象局. 国内首个专业旅游气象服务网站"中国旅游天气网"上线
[EB/OL]. http://www. cma. gov. cn/2011xwzx/2011xqxxw/2011xqxyw/
201204/t20120428_171231. html,2012-04-28/2017-10-20.

[13] 中证网. 众安保险强强联手同程旅行、中国气象局推出旅游天气保障服
务[EB/OL]. http://www. cs. com. cn/sylm/jsbd/201409/t20140903_
4502028. html,2014-03-03/2017-06-06.

[14] 陈振林,孙健. 旅游行业气象服务效益评估 2010[M]. 北京:气象出版
社,2011.

[15] 中国气象局. 气象旅游两部门检查国家级旅游气象服务示范区[EB/
OL]. http://www. cma. gov. cn/2011xwzx/2011xqxxw/2011xqxyw/
201212/t20121201_193570. html,2012-12-01/2017-10-23.

[16] 中国气象服务协会. 中国气象服务协会历程[EB/OL]. http://www.
chinamsa. org. cn/xhlc. html ,2018-08-01/2018-09-14.

[17] 中国气象局. 第四届中国避暑旅游产业峰会在吉林召开 [EB/OL].
http://www. cma. gov. cn/2011xwzx/2011xqxxw/2011xqxyw/201807/
t20180708_472748. html,2018-07-08/2018-08-10.

[18] 中国气象局. 36 个地区获"中国天然氧吧"称号 20 多家单位联合成立
推广联盟 [EB/OL]. http://www. cma. gov. cn/2011xwzx/2011xqxxw/
2011xqxyw/201809/t20180927_478926. html ,2018-09-27/2018-09-28.

[19] 中国气象服务协会. 首批国家气象公园试点建设方案通过审查 将正
式启动试点建设 [EB/OL]. http://www. chinamsa. org/31-929. html,
2019-01-17/2019-02-26.

[20] 广西壮族自治区人民政府门户网站. 广西概况[EB/OL]. http://
www. gxzf. gov. cn/mlgx. shtml,2017-02-17/2017-12-13.

[21] 广西壮族自治区气候中心. 广西气候[M]. 北京:气象出版社,2007:
1-6.

[22] 广西壮族自治区人民政府门户网站. 自然地理[EB/OL]. http://
www. gxzf. gov. cn/mlgx/gxrw/zrdl/20160331-486079. shtml,2017-02-

19/2017-12-20.

[23] 《广西气象百科》编委会. 广西气象百科[M]. 南宁：广西人民出版社，2010：43-44.

[24] 寿乡网. 最新的"中国长寿之乡"数量和各省市"寿乡"列表！广西寿乡最多！[EB/OL]. http:/ www. shouxiang. cn/thread-4874-1-1. html, 2018-02-02/2018-04-16.

[25] 广西壮族自治区旅游发展委员会. 2017 年广西壮族自治区 A 级旅游景区一览表[EB/OL]. http：//www. gxta. gov. cn/home/detail/37196, 2018-02-11/2018-03-12.

[26] maigoo. 广西国家级风景名胜区名单 [EB/OL]. https：//www. maigoo. com/goomai/186898. html,2018-04-22/2018-06-15.

[27] 广西文化厅. 广西申报世界文化遗产专题 [EB/OL]. http://www. gxwht. gov. cn/special/blueimg/181. html,2018-02-05/2018-06-16.

[28] 编辑委员会. 广西统计年鉴—2017 [M]. 北京：中国统计出版社,2017.

[29] 中国网. 数据：去年广西旅游对 GDP 综合贡献率为 13.8% [EB/OL]. http://www. china. com. cn/travel/txt/2017-04/01/content_40539055. htm,2014-04-01/2018-07-12.

[30] 参考消息. 国家旅游局局长李金宝. 安全是旅游的生命线[EB/OL]. http://www. cankaoxiaoxi. com/china/20170427/1937725. shtml, 2017-04-27/2017-06-25.

[31] 广西壮族自治区文化和旅游厅. 关于印发《广西特色旅游名县评定标准与评分细则(2016 年 6 月版)》的通知[EB/OL]. http://www. gxta. gov. cn/home/detail/33310,2016-07-26/2017-11-2.

[32] 广西壮族自治区文化和旅游厅. 广西旅游大数据平台上线运行 [EB/OL]. http:// www. gxta. gov. cn/home/detail/36861, 2017-12-27/2017-12-30.

[33] 广西新闻网. 广西乡村旅游带动 142 个贫困村脱贫 [EB/OL]. http:// www. gxnews. com. cn/ staticpages/20171222/newgx5a3c612a-16774879. shtml,2017-12-22/2017-12-30.

[34] 广西政府网. 广西旅游业十大三年行动计划[EB/OL]. http://www. gxzf. gov. cn/sytt/20180510-693880. shtml,2018-05-10/2018-07-11.

[35] T/CMSA 0001—2016 气象旅游资源分类与编码[S].

[36] T/CMSA 0001—2017 气象旅游资源评价[S].

[37] T/CMSA 0002—2017 天然氧吧评价指标[S].

[38] 吴普.旅游气候学研究理论与实践——以海南国际旅游岛为例[M].北京:气象出版社,2010:18-22.

[39] 董红梅,卢佳.宁夏六盘山地区避暑旅游开发初探[J].生态经济(学术版),2010,(1):205-207,218.

[40] 吴普,周志斌,慕建利.避暑旅游指数概念模型及评价指标体系构建[J].人文地理,2014(3):128-134.

[41] 李正泉,肖晶晶,马浩,等.丽水市生态气候休闲养生适宜性分析[J].气象与环境科学,2016,39(3):104-111.

[42] 苏志,范万新,李秀存,等.涠洲岛旅游气候舒适度评价[J].气象研究与应用,2012,33(2):27-30.

[43] GB/T 27963—2011 人居环境气候舒适度评价[S].

■ 三维雷电监测定位网站点
▲ 大气电场监测网站点
⚡ 雷电流监测网站点
☐ 地区界

图 2.4 广西雷电监测预警服务系统站点分布图

图 2.5 广西部分旅游景点的逐日天气预报

图 3.1 2015 年 6 月 1 日"东方之星"号客轮翻沉现场

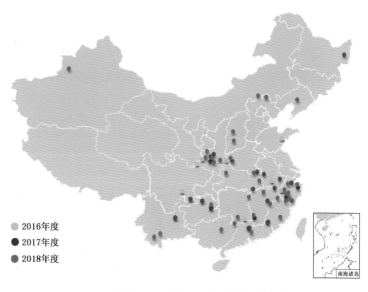

○ 2016年度
● 2017年度
● 2018年度

图 6.1 获"中国天然氧吧"称号景区分布图